プロブレムQ&A

むだで危険な再処理

［いまならまだ止められる］

■

西尾　漠・著

緑風出版

まえがき

青森県の下北半島《しもきたはんとう》のつけ根、上北郡六ヶ所村《かみきたぐんろっかしょむら》に「再処理工場《さいしょりこうじょう》」などさまざまな核燃料《かくねんりょう》サイクル関連施設《かんれんしせつ》が立地《りっち》されています。一九八四年に立地を申し入れたのは電力会社の連合体である電気事業連合会《でんきじぎょうれんごうかい》。同連合会は建設主体《けんせつしゅたい》ではないのですが、電力業界が総意《そうい》で申し入れたということなのでしょう。

そもそも申し入れ時点では建設主体が設立途上《せつりつとじょう》だったのですから、出発点から歪《ゆが》んだ形だったとも言えます。再処理工場の建設主体としては日本原燃《げんねん》サービスが一九八〇年三月一日に設立されていましたが、低レベル放射性廃棄物《ほうしゃせいはいきぶつ》の埋設施設《まいせつしせつ》とウラン濃縮工場《のうしゅくこうじょう》の主体である日本原燃産業の設立は、申し入れの翌一九八五年三月一日でした。後に一九九二年七月一日、二つの会社は合併《がっぺい》して「日本原燃」となります。いずれにせよ資本《しほん》金《きん》の大部分は電力各社が出資《しゅっし》した、いわば電力会社全体の子会社《こがいしゃ》です。

さて一九八四年の申し入れですが、まずは四月二〇日、形の上では六ヶ所村と特定せずに、青森県に対して県内受け入れが申し入れられました。そして七月二七日、青森県と六ヶ所村に改《あらた》めて申し入れが行なわれています。電気事業連合会の会長だった小林庄一郎《こばやししょういちろう》関西電力社長は、一九八四年九月三日付の『朝日新聞』青森県版で、こう語っていました。

「六ヶ所村のむつ小川原《おがわら》の荒涼《こうりょう》たる風景は関西ではちょっと見られない。やっぱりわれわれの核燃料サイクル三点セットがまず進出《しんしゅつ》しなければ、開けるところではないとの認識《にんしき》を持ちました。日本の国とは思えないくらいで、よく住みついて来られたと思いますね。いい地点が本土《ほんど》にも残っていたな、との感じを持ちました」。
夜郎自大的《やろうじだいてき》もの言いはさておき、電力業界が積極的・主体的に立地《りっち》をしたような発言ですが、同年七月一九日付の『日本経済新聞』で中嶋《なかじま》記者は、次のように書いています。「今回の立地決定は電力業界にとって苦悩《くのう》に満《み》ちた選択だった。国、財界《ざいかい》、青森県、電力業界の四者が参加したトランプゲームで、最後にジョーカーをつかまされたのが電力業界だった、といえるかもしれない」。

　青森県六ヶ所村のむつ小川原地区は、一九六九年五月三〇日に政府が打ち出した新全国総合開発計画の〝目《め》玉《だま》〟として、一大鉄鋼《いちだいてっこう》・石油コンビナートの建設が計画されたところです。ところが、国家石油備蓄基地《びちくきち》の他には進出企業がなく、国と青森県と財界の共同出資による第三セクター「むつ小川原開発会社」が経営危機《けいえいきき》に陥《おちい》っていました。開発会社は、約五〇〇〇ヘクタールの広大な土地を無為《むい》に抱《かか》え込《こ》み、三〇億円の資本金に対して、借入金は一三〇〇億円に達していました。

　土地を手放し、農・漁業をやめて新住区《しんじゅうく》に移り住んだ人びとも、出稼《でかせ》ぎに出るしかない状況でした。一九八四年四月二一日付の地元紙『東奥日報《とうおうにっぽう》』に載《の》っていた六ヶ所村民の言葉を借りれば「ドクでも食べなきゃ、生きてゆけない」ところにまで追い込まれていたのです。もちろん、「ドクといっても、それほどではないだろう」という甘い目算《もくさん》が、そこには働いていたわけですが。

　いずれにせよ、核燃料サイクルという、まさにドクでしかないものの建設地を決めるに際して、地盤《じばん》や気象・海象《かいしょう》、生物環境《せいぶつかんきょう》、社会的条件などは一顧《いっこ》だにされず、もっぱら政治的理由によって「適地《てきち》」が選定されたのには、いまさらながら驚きを禁じ得ません。

ちなみに小林発言に出てくる「核燃料サイクル三点セット」とは、再処理工場、低レベル放射性廃棄物埋設施設、ウラン濃縮工場の三施設を言います。現在はこれに高レベル放射性廃棄物貯蔵施設《ちょぞうしせつ》が加わって四点セットとなっており、さらにＭＯＸ（プルトニウム・ウラン混合酸化物《こんごうさんかぶつ》）燃料加工工場や廃炉廃棄物埋設施設《はいろはいきぶつまいせつ》など、次々と点数が増えようとしています。

高レベル放射性廃棄物貯蔵施設は、当初は再処理工場の付属施設とされていましたが、事業許可を申請する際、独立の施設に変更されました。六ヶ所再処理工場ではなく、イギリス、フランスの再処理工場で発生した高レベル放射性廃棄物のガラス固化体《こかたい》の貯蔵施設です。日本の原発の使用済み燃料を送って再処理をしてもらったことに伴《ともな》い、日本に送り返されてくる廃棄物で、「返還廃棄物《へんかんはいきぶつ》」とか「返還ガラス固化体」とかと呼ばれます。六ヶ所再処理工場で発生するガラス固化体の貯蔵施設は、同工場の付属施設として別にあります。

いずれも、将来は最終処分場に向けて搬出《はんしゅつ》されることとされていますが、最終処分場は候補地《こうほち》も決まっていません。

六ヶ所再処理工場は現在試運転中ですが、本格的な操業開始（計画では二〇〇七年八月）を何としても止めたいと願っています。そうすることで、他の核燃料サイクル関連施設についても操業を中止させたり拡大に歯止めをかけたりできるとも考えています。

本文中に登場する方々の肩書《かたがき》は、すべてその当時のものです。また、組織名も当時のものです。組織名については、左のように名前が変わりました。

日本原燃サービス→（日本原燃産業と合併）日本原燃
日本原燃産業→（日本原燃サービスと合併）日本原燃
動力炉《どうりょくろ》・核燃料開発事業団→核燃料サイクル開発機構→（日本原子力研究所と統合）日本原子力研究開発機構
日本原子力研究所→（核燃料サイクル開発機構と統合）日本原子力研究開発機構
科学技術庁→（文部省と統合）文部科学省
通商産業省→経済産業省
日本原子力産業会議→日本原子力産業協会
総合エネルギー調査会→総合資源・エネルギー調査会
総合エネルギー調査会原子力部会→総合資源エネルギー調査会電気事業分科会原子力部会

プロブレムQ&A

目次

プロブレムQ&A

Ⅰ 再処理とは？

Q1 再処理って何をするのですか？
再処理という言葉を、ときどき耳にするようになりました。再処理ってどんなことをするのですか？　それは何のために行なわれるのですか？ 14

Q2 再処理でリサイクルはできないのですか？
原発の燃料はリサイクルできると、テレビのコマーシャルで言っていました。リサイクルできるなんてとてもよいことのようですが、そうではないのですか？ 19

Q3 再処理で放射能のごみは増えるのですか？
再処理で放射能のごみが減ると聞いたのですが、それは聞き間違いだったのでしょうか。増えるというのがほんとうなのですか？ 23

Q4 使用済み燃料対策こそが再処理の目的なのですか？
再処理工場はリサイクルできる夢の工場ではなく、使用済み燃料の搬出先でしかないというのは、意外な感じがします。実際にそうなのですか？ 27

Ⅱ 六ヶ所再処理工場・その1

Q5 六ヶ所再処理工場はもう運転を始めているのですか？
六ヶ所再処理工場からの放射能汚染が心配だと聞きました。運転開始はまだ先のことと思っていましたが、工場はもう動いているのですか？ 32

Q6 寄り合い所帯での建設で大丈夫なのですか？
六ヶ所再処理工場の建設・運転は、いくつもの会社で分担するのだと聞きました。そんなことをしてうまくいくものでしょうか？ 35

Q7 これまでに事故は起きていますか？ 40
六ヶ所再処理工場は試運転の段階にあるとのことですが、試運転が始まってから、もうすでに事故が起きているのですか？　本当に大丈夫なのでしょうか？

Q8 東海工場の経験は役に立たなかったのですか？ 45
六ヶ所再処理工場の前に、東海再処理工場が運転をしています。その経験は六ヶ所再処理工場の建設・運転に生かせていないのですか？

Ⅱ 再処理の危険性

Q9 再処理工場では原発一年分の放射能を一日で出すのですか？ 52
事故がなくても、再処理工場からは日常的に大量の放射能が放出されるというのは、ほんとうですか？　どうしてそんなにたくさんの放射能が出るのですか？

Q10 クリプトンやトリチウムは垂れ流すしかないのですか？ 57
放射能を垂れ流しにするなんて許せません。クリプトンにせよトリチウムにせよ、捕集して除去することはできないのですか？

Q11 どんな事故が起こりうるのですか？ 61
再処理工場は化学工場であり、核施設でもあり、放射能取り扱い施設でもあります。起こる事故としては、どんなことが考えられますか？

Q12 大事故が起きたらどれくらいの被害が予想されますか？ 66
仮に大事故が起きるとすると、被害はどこまでひろがり、どれだけ多くの人が犠牲になると考えられるのでしょうか？　そんな計算はされているのですか？

Ⅳ　再処理と核拡散

Q13　再処理から核兵器が生まれるとはどういうことですか?　72
再処理が核兵器の拡散につながると言われます。それは、なぜなのですか?　核兵器をつくるのに、再処理はどんな役割を果たすのですか?

Q14　再処理工場でプルトニウムが行方不明になるのですか?　75
再処理工場では大量のプルトニウムが行方不明になってしまうそうですが、それで核兵器をつくれるような量なのでしょうか?

Q15　軍事転用を防ぐしくみは万全なのですか?　79
再処理工場では、きちんと監視をして軍事転用ができないようになっているのではありませんか?　そのしくみは有効ではないのでしょうか?

Q16　プルトニウムを貯めておいてはなぜいけないのですか?　84
余ったプルトニウムは、使える時がくるまでしっかり管理していればよいのではありませんか?　それではだめだという理由はなんですか?

Ⅴ　海外の再処理工場

Q17　イギリスやフランスの再処理工場の汚染はそんなにひどいのですか?　90
イギリスやフランスの再処理工場の周辺の海は放射能で汚れきっているとの報道を見聞きします。実態はどうなのでしょうか?

Q18　ドイツなどの再処理工場建設はなぜ中止されたのですか?　96
ドイツやアメリカでは再処理工場の建設が中止されています。どんな理由があったのですか?　その理由は日本にはあてはまらないものなのでしょうか?

VI 六ヶ所再処理工場・その2

Q19 世界の流れは脱再処理に向かうのでしょうか?
世界の各国とも再処理からは撤退してきているとのことですが、その流れはこれからもつづくのですか? 再処理復活の動きはないのですか? 102

Q20 アメリカで再処理が復活するって本当ですか?
アメリカでGNEP構想が打ち出され、再処理をすると発表されました。これは再処理を復活するということではないのですか? 105

Q21 コストはどれくらいかかるのですか?
六ヶ所再処理工場のコストは膨大な額になりそうです。そんなコストを回収して、いずれは黒字に転換できるのでしょうか? 110

Q22 国や電力会社が一時は建設を止めようとしたのはなぜですか?
誰もが六ヶ所再処理工場を止めたがっている、と報じられています。原発の推進者たちまでが止めようとしたのはなぜなのでしょうか? 116

Q23 再処理工場を動かすことは青森県にとってどんな意味があるのですか?
青森県は、六ヶ所再処理工場の強力な推進者です。再処理工場は青森県に必要なものだと考えられているのではありませんか? 122

Q24 動き出した再処理工場でも止めることはできますか?
六ヶ所再処理工場がすでに試運転に入ってしまった今となっては、後戻りはできないのではありませんか? それとも、できますか? 127

Ⅶ　資料

プロブレムQ&A

I

再処理とは?

Q1 再処理って何をするのですか?

再処理という言葉を、ときどき耳にするようになりました。再処理ってどんなことをするのですか? それは何のために行なわれるのですか?

再処理の目的は

「再処理《さいしょり》」って何のことか、わかりますか。古い新聞記事をたまたま目にしていたら、「なま焼けの核燃料《かくねんりょう》を燃料に再加工《さいかこう》する」（一九七三年九月二二日付『朝日新聞』）なんて説明がありました。さて、これではいったい何のことやら……。

最近ではマスコミ報道《ほうどう》にもよく出てきますが、手元の国語辞典には載《の》っていません。原子力の分野でだけ使われている言葉だからでしょう。書店で各社の辞典をチェックしたところ、見落しもあるでしょうが、集英社の国語辞典にだけ載っているのをみつけました。「使用した核燃料を有用物《ゆうようぶつ》と廃棄物《はいきぶつ》とに分けること」と説明されています。原子力発電所《げんしりょくはつでんしょ》（以下、原発《げんぱつ》）で燃やされた後の使用済み燃料を再び処理し、「有用物」である

プルトニウム
原子番号九四の元素で、原子炉内で人工的に生産される。プルトニウム-239（半減期二万四一〇〇年）は核分裂をしやすいため、核兵器や原発の燃料に用いられる。

ウラン
原子番号九二の元素で天然に存在する。ウラン-235（半減期七億年）は核分裂しやすいため、核兵器や原発の燃料に用いられる。

プルトニウム、ウランと「廃棄物」に分けるのが、「再処理」です。
つまり再処理の目的は、有用物を回収《かいしゅう》することと言えそうです。

原子力発電の燃料はウランですが、天然のウランには燃える成分は〇・七パーセントしか含まれていません。それを「濃縮《のうしゅく》」して五パーセント弱にまで高めたものが燃料に加工され、原子炉《げんしろ》で燃やされます。「燃える」と言っても、火を出して燃えるのとは違い、ウランの原子核が核分裂《かくぶんれつ》する際に熱を出すことを「燃える」と呼んでいるのです。燃える成分とは、核分裂をしやすいウランのことです。

原子炉の中では、この核分裂をしやすいウランが燃えて、その熱で水を蒸気《じょうき》に変え、タービンの羽根に吹きつけて回し、発電機を動かします。すなわち原子力発電です。

核分裂《かくぶんれつ》をしたそれぞれの破片《はへん》（核分裂生成物《せいせいぶつ》、死の灰）は、高レベルの放射性廃棄物となります。同時に、核分裂をしにくいウランの一部が、核分裂の際に飛び出した中性子を吸収してプルトニウムに変わります。プルトニウムの約七〇パーセントは核分裂をしやすいプルトニウムで、よく燃えます。原子炉の中では、はじめはウランだけが燃えていますが、後にはもともとの燃料のウランと新しく生まれたプルトニウムの両方が

核燃料サイクルの流れ

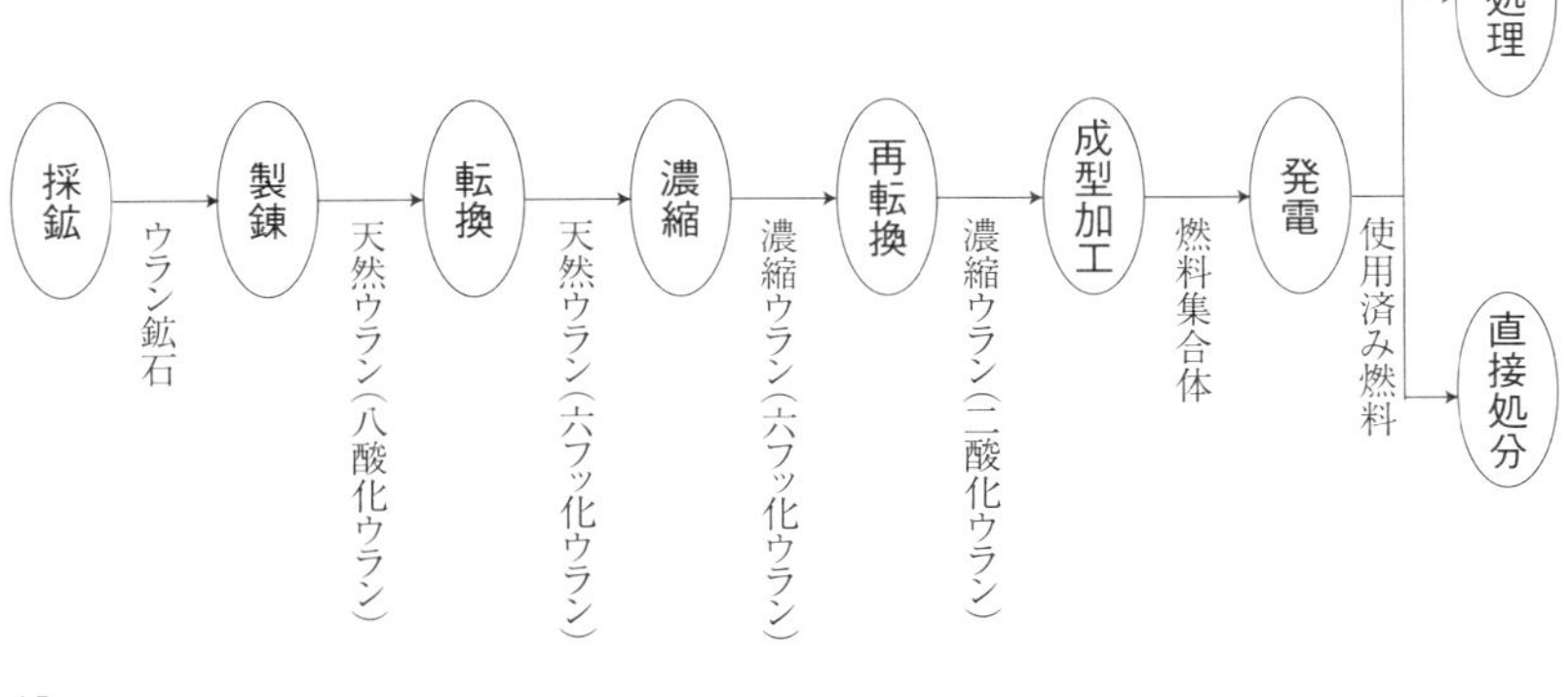

燃えることになります。
それでも燃料の大部分は核分裂をしにくいウランなので、やがてうまく燃やせなくなります。それが使用済《しようず》み燃料です。使用済み燃料から燃え残ったウランとプルトニウムを有用物として回収し、再び燃料に加工して利用するのが、「再処理」の目的ということになります。
再処理をしない場合、つまり燃料を一回使っただけで捨てる場合には、ウランの資源量は石炭よりはるかに小さく、石油や天然ガスにも及びません。しかし使用済み燃料を再処理してプルトニウムを取り出し、高速増殖炉で「増殖」して使えば、資源の量は六〇倍にもなるといわれます。高速増殖炉でプルトニウムが利用できてこそ、原子力開発は意味をもつのです。

リサイクルは建て前

にもかかわらず、世界的には再処理をせず、使用済み燃料をそのまま高レベルの放射性廃棄物とする「直接処分《ちょくせつしょぶん》」のほうが主流《しゅりゅう》です。高速増殖《こうそくぞうしょく》炉《ろ》の開発が頓挫《とんざ》しているうえ、再処理―プルトニウム利用はコストが高く、事故や核拡散《かくかくさん》の危険性が大きく、放射性廃棄物の種類や量が増えて

高速増殖炉
高速中性子を使ってプルトニウムを燃やし、まわりに置いたウランから、燃えた以上のプルトニウムをつくって増殖させる原子炉。英語の頭文字をとってFBRという。

直接処分
使用済み燃料を再処理せずに直接、放射性廃棄物として処分すること。

核拡散
核兵器の保有国が増えること。

プルサーマル
プル（トニウム）をサーマル（リアクター）で燃やすこと。サーマル・リアクターは、エネルギーの小さい熱中性子＝サーマル・ニュートロンを用いる原子炉を指す。つまり、ふつうの原発のことである。

やっかいだからです。しかし日本では、再処理を行なう流れのほうが選ばれています。

実は電力会社にとっての再処理の目的は、いわば建《た》て前《まえ》にすぎない「核燃料のリサイクル」ではなく、後始末《あとしまつ》を考えずに原子力開発をすすめてきた結果の苦しまぎれの時間かせぎにありました。有用物とは名ばかりで、回収したプルトニウムを利用するための高速増殖炉の開発は行き詰まり、ふつうの原発で燃やそうとした「プルサーマル計画」もすすんでいません。ウランの利用は、具体的な計画すらないというのが現実なのです。

貯《た》まりつづける使用済み燃料の搬出先《はんしゅつさき》、というのが電力会社にとっての再処理の目的のようです。

各国の高速増殖炉

国名	区分	名称	出力（万kW）	臨界（年）	閉鎖（年）	生涯利用率（%）
アメリカ	実験炉	クレメンタイン	—	46	52	
		EBR-I	0.02	51	63	
		LAMPRE	—	61	65	
		EBR-II	2	63	94	
		エンリコ・フェルミ	6.5	63	71	
		SEFOR	—	69	72	
		FFTF	—	80	93（01再開断念）	
イギリス	実験炉	DFR	1.5	59	77	
	原型炉	PFR	25	74	94	19.8
フランス	実験炉	ラプソディ	—	67	82	
	原型炉	フェニックス	25※	73	09（予定）	
	実証炉	スーパーフェニックス	124	85	98	1.5
ロシア	実験炉	BR-1/2	—	55/56	57	
		BR-5/10	—/1.5	58/73		
		BOR-60（ウリヤノフスク）	1.2	68		
	原型炉	BN-600（ベロヤロスク3）	60	80		
カザフスタン	原型炉	BN-350（シェフチェンコ）	15	72	99	
ドイツ	実験炉	KNK-I/II	60	71/77		
インド	実験炉	FBTR	1.5	85		
日本	実験炉	常陽（現在は増殖性能なし）	—	77		
	原型炉	もんじゅ	28	94	（試運転中断）	

※03年以降、3分の2の出力で運用　　原子力情報室作成

「進行中」のプルサーマル計画（2006年12月末現在）

原発名	進捗状況		その後の展開	
高浜 3、4号炉	地元了解	事前了解願→一次了解→最終了解 1998.2.23 98.5.8 99.6.17	燃料搬入 (3号炉) 99.10.1	品質管理データねつ造で使用中止、02.7.4 BNFLに返送。 美浜3号事故で事前了解保留。
	国の許可	認可申請→許可 98.5.11 98.12.16		
福島第一 3号炉	地元了解	事前了解願→了解 1998.8.18 98.11.2	燃料搬入 99.9.27	トラブル隠し発覚で事前了解撤回
	国の許可	認可申請→許可 98.11.4 99.7.2		
柏崎刈羽 3号炉	地元了解	事前了解願→一了解 1999.2.24 99.4.1	燃料搬入 01.3.24	01.5.27刈羽村住民投票で過半数が反対。 トラブル隠し発覚で事前了解撤回
	国の許可	認可申請→許可 99.4 2000.3.15		
玄海 3号炉	地元了解	事前了解願 →了解 2004.5.28 06.3.26	燃料調達契約 06.9.28	
	国の許可	認可申請 →許可 2004.5.28 05.9.7		
伊方 3号炉	地元了解	事前了解願→一次了解→最終了解 2004.5.10 04.11.1 06.10.13	燃料調達契約 06.11.28	
	国の許可	認可申請→許可 04.11.1 06.3.28		
島根 2号炉	地元了解	事前了解願→一次了解 2005.9.12 06.10.23		
	国の許可	認可申請 06.10.23		
浜岡 4号炉	地元了解	安全協定に規定なし		
	国の許可	認可申請 06.3.3		

地元了解：電力会社の地元への対応と地元の対応。
国の許可：電力会社の国への対応と国の対応。

原子力資料情報室作成

高速増殖炉もんじゅ

Q2 再処理でリサイクルはできないのですか？

原発の燃料はリサイクルできると、テレビのコマーシャルで言っていました。リサイクルできるなんてとてもよいことのようですが、そうではないのですか？

むしろ「欠陥商品」

原発で使い終わったウラン燃料は約九五パーセントがリサイクルできる、と政府や電力会社は宣伝をしています。そのために「再処理」をして燃え残りのウランとプルトニウムを取り出すのだと言うのです。「リサイクル」と言えば聞こえはよいのですが、実際にそうなのでしょうか？

原発で燃料を使い終わるというのはどういうことか。まず、そこから考えてみます。原発の燃料は、たった数パーセントを燃やしただけで使い終わってしまいます。燃え残りのウランやプルトニウムがあるといっても、それを使うには、原子炉から取り出し、再処理を行なってウランとプルトニウムを分離《ぶんり》し、あらためて燃料をつくり直します。その際には、よそから新たなウランを持ってきて加えたりもします。原発で燃やされた分

敦賀原発

は、やっかいな高《こう》レベル放射性廃棄物《ほうしゃせいはいきぶつ》になります。

そうしてようやくつくり直した燃料も、数パーセント燃やせば使い終わってしまいます。燃え残りのウランやプルトニウムを使うには、原子炉から取り出し、再処理を行なってと、またまた繰り返さなくてはなりません。おまけに、つくり直しをすればするほどプルトニウムやウランの燃料としての品質は悪くなります。繰り返すことなど、とてもできないでしょう。

これは、「リサイクルできる」のではなくて、むしろ「欠陥《けっかん》商品」と呼ぶべきだと思います。

ウランというごみ

現実を見れば、ほぼまったく燃料のつくり直しはできていません。約九五パーセントがリサイクルできると言われるうち、プルトニウムが約一パーセント、残りは燃え残りのウランです。このウランは、高速増殖炉が実用化して初めて利用できるもので、これをふくめて約九五パーセントがすぐにもリサイクルできると誤解《ごかい》させることは、明らかな詐欺行為《さぎこうい》です。

燃え残りのウランは、高速増殖炉《こうそくぞうしょくろ》の実用化が破綻《はたん》しているために、利

発電によるウラン燃料の組成の変化の一例

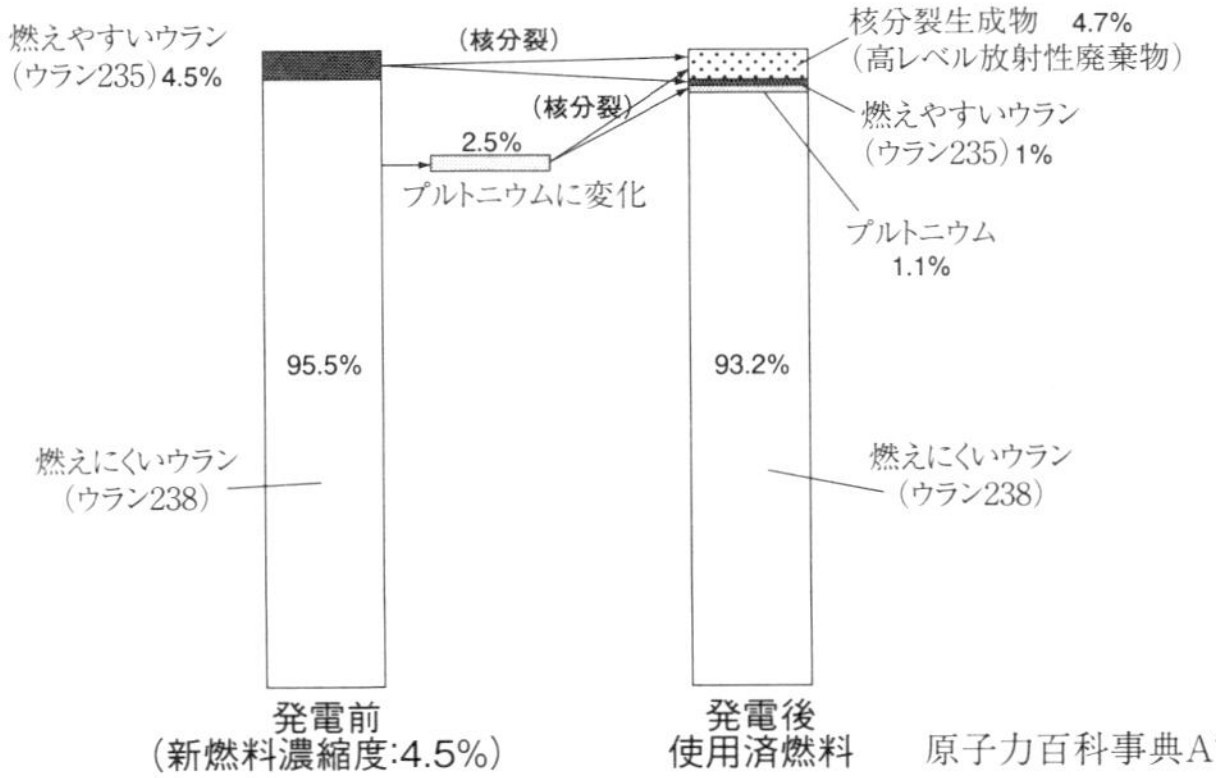

原子力百科事典ATOMICAに加筆

用計画すらありません。アメリカのエネルギー省では「放射能レベルの低い放射性廃棄物として容易《ようい》に処分できる」と言っています（「新型核燃料サイクル・イニシアチブ」、二〇〇三年一月）。要するに、ごみなのです。高速増殖炉が実用化すれば再利用可能とも言っていますが、その実現性は低いのですから、やはりごみです。また、仮に実用化できたとしても、その高速増殖炉の使用済み燃料の再処理でもまた残り、とても使いきれません。

　ウラン燃料に加工して使うことは、可能です。そのように再

回収ウランの利用実績（2005年３月末現在）

電力会社	東京電力		関西電力				四国電力	九州電力	日本原子力発電
プラント	福島第一３号機	福島第二１号機	大飯２号機	美浜３号機	高浜１号機	高浜１号機	伊方３号機	川内２号機	敦賀２号機
装荷時期	1987年9月	1993年12月	1991年4月	1995年8月	2003年1月	2004年5月	2003年12月	2005年1月	2002年4月
装荷体数	4体	24体	20体	52体	24体	24体	12体	12体	24体
集合体ウラン重量	約0.7 t	約4 t	約10 t	約25 t	約10 t	約10 t	約6 t	約6 t	約11 t
うち回収ウラン量	約0.3 t	約3.5 t	約4 t	約20 t	約10 t	約8 t	約5 t	約5 t	約10 t
濃縮前の回収ウラン量	約3 t	約22 t	約20 t	約150 t	約50 t	約50 t	約30 t	約32 t	約60 t
再処理工場	東海再処理工場	東海再処理工場	東海再処理工場	仏UP3工場	東海再処理工場	仏UP3工場	東海再処理工場	東海再処理工場	東海再処理工場
濃縮工場	人形峠原型工場	人形峠原型工場	人形峠原型工場	ウレンコ工場	人形峠原型工場	ウレンコ工場	人形峠原型工場	人形峠原型工場	人形峠原型工場
加工工場	GNF-J	GNF-J	三菱原子燃料・原子燃料工業	三菱原子燃料・原子燃料工業	三菱原子燃料	原子燃料工業	三菱原子燃料	三菱原子燃料	三菱原子燃料

＊動燃人形峠事業所（当時）のウラン濃縮原型プラントにおける回収ウランの濃縮は、1996年９月～97年５月、97年12月～98年３月の２回、「回収ウラン再濃縮実用化試験」として行なわれた。

福島瑞穂参議院議員の資料請求に対する資源エネルギー庁の回答に一部加筆

利用できるとも説明されています。とはいえ、再処理によって回収されたウランには、核分裂のじゃまをする種類のウランやより放射能の強い種類のウランが生まれていたり、プルトニウムや核分裂生成物が混ざっていたりで、天然のウランより取り扱いがやっかいです。「回収ウランも使えます」という宣伝のために少しは使うかもしれませんが、その場合にも、濃縮をする必要があります。大部分は濃縮かすの劣化ウランとなり、けっきょく利用できずに残ります。

リサイクルできるのは、せいぜい一〜二パーセント。しかも、その一部はロスとなって使えないのです。

回収ウラン
使用済み燃料の再処理によって回収されたウラン。核分裂をしやすいウランの含有率が燃焼前より減っているので、「減損ウラン」とも呼ぶ。

劣化ウラン
濃縮工程で廃棄されるウラン。核分裂をしやすいウランの含有率が天然ウランより小さいので、この名がある。戦車を貫通させる砲弾（劣化ウラン弾）などに「廃物利用」されている。

Q3 再処理で放射能のごみは増えるのですか?

再処理で放射能のごみが減ると聞いたのですが、それは聞き間違いだったのでしょうか。増えるというのがほんとうなのですか?

ごみは一五〇倍以上にも

再処理をしてプルサーマルを行なう理由づけの一つに、放射能のごみが減るというものがあります。「いや、低レベルの廃棄物をふくめた総量《そうりょう》は増えるはずだ」との批判を受けて、最近では「高レベル廃棄物が減る」と言い直されるようになってきました。本当に高レベル廃棄物が減るかどうかは後で検討することにして、まずは放射能のごみの総量について見ておきましょう。

二〇〇三年一二月二日に、総合資源《そうごうしげん》エネルギー調査会電気事業分科会《ぶんかかい》のコスト等検討小委員会で電気事業連合会が、「サイクル事業から発生する廃棄物量《はいきぶつりょう》」を示しました。そこでは三・二万トン（体積は約一・五万立方メートル）の使用済み燃料の再処理に対して、再処理工場の操業《そうぎょう》時の廃棄

六ヶ所再処理工場で処理される使用済み燃料と廃棄物の量の比較
（40年運転・3.2万トン処理）

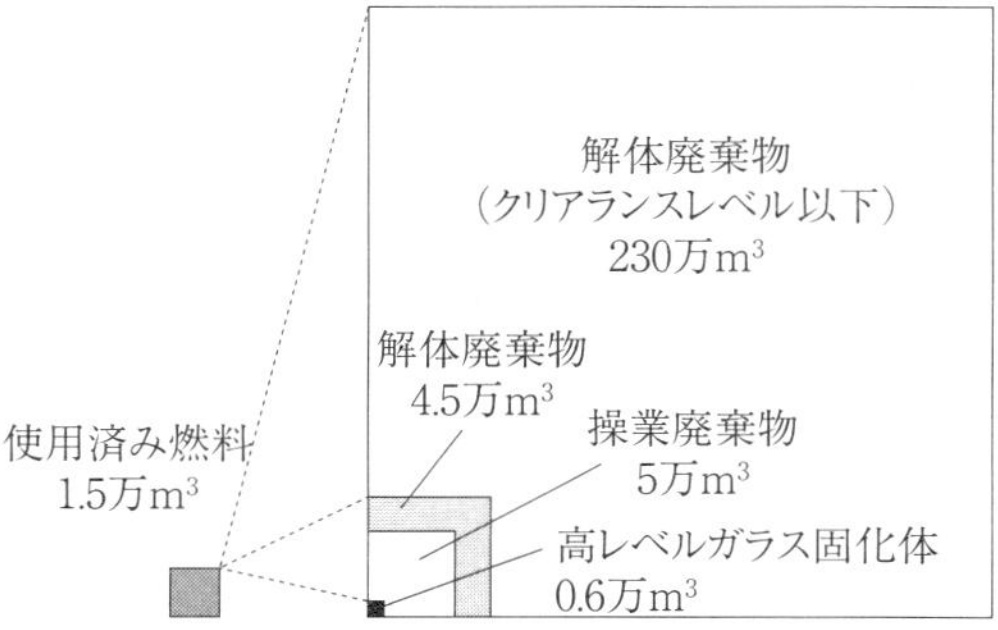

電気事業連合会の試算（総合資源エネルギー調査会電気事業分科会コスト等検討小委員会資料）をもとに作成

物が約五万立方メートル、工場の解体《かいたい》で出る廃棄物が約四・五万立方メートルとされています。つまり放射能のごみは六倍に増えることになります。

右の解体廃棄物には「クリアランスレベル以下」として放射性廃棄物扱いをされなくなる約二三〇万立方メートルがふくまれていません。放射能レベルでなく量で比べているのですからこれもふくめると、実に一五〇倍強になります。

むろん、これはあくまで電気事業連合会の試算《しさん》通りとしてのことで、さらに増える可能性は大きいと言えるでしょう。また、再処理で回収されるウランもけっきょくは廃棄物になる（Q2）とすると、そのぶんも数えなくてはなりません。さて、何倍になることやら。

無限回のリサイクル

高レベル廃棄物が減るという点はどうでしょうか。確かにガラス固化《こか》体《たい》は、使用済み燃料の約二・五分の一になると試算されます。でも、よく考えてみてください。使用済み燃料から取り出されたプルトニウムが新たな燃料に加工され燃やされれば、また使用済み燃料が発生するのです。

総合資源エネルギー調査会
経済産業大臣の諮問機関。

クリアランスレベル
低レベル廃棄物のうち、放射能レベルの低いものを「放射性」として扱わなくすることを「クリアランス」と呼ぶ。クリアランスレベルは、その基準となるレベルで、放射能の種類ごとに定められている。

ガラス固化体
高レベル放射性廃液をホウケイ酸ガラスといっしょにステンレスの容器（キャニスター）に固め込んだもの。

原子力委員会
内閣府に置かれ、原子力の研究、開発、利用に関する事項（安全の確保に関する事項を除く）について、企画・審議・決定する機関。安全の確保に関する事項は、原子力安全委員会が担当している。

青森市で二〇〇三年一〇月に開催《かいさい》された原子力委員会と原子力資料情報室、原水爆《げんすいばく》禁止日本国民会議の公開討論《こうかいとうろん》「再処理と核燃料サイクル政策を考える」の配布資料で、原子力委員会は、再処理をせずに使用済み燃料を使い捨てる場合と比べて高速増殖炉のサイクルではウランの利用効率が一〇〇倍以上になると主張しました。実はそれだけふつうの原発でのウラン利用効率が低すぎるのだということはＱ２に見た通りですが、それはさておき一〇〇倍以上の利用効率にするには「リサイクルの数を無限回」くり返さなくてはなりません。

無限回くり返したら、ガラス固化体と使用済み燃料が山と積まれることになるのは自明ではないでしょうか。仮に使用済み燃料はガラス固化体の二・五倍の量であるという原子力委員会の試算が正しいとしても、再処理をせずにそこで原子力利用を打ち止めにすれば、全体量はずっと小さくなるのです。

なおつけ加えれば、再処理に伴《ともな》う廃棄物は再処理工場だけから発生するわけではありません。次のページの図は、再処理をしないケースとするケースの比較です。再処理をし、プルトニウムを利用しようとすれば、ウラン燃料用とＭＯＸ燃料用それぞれの再処理工場や、ＭＯＸ燃料加工

六ヶ所再処理工場の固体廃棄物の推定年間発生量（800tU/年）

種類	推定年間発生量		
高レベル廃液（注）	約 520m³	150 リットルキャニスターガラス固化体	約 1,000 本
低レベル濃縮廃液の乾燥処理物	約 1,200m³	200 リットルドラム缶	約 1,750 本
低レベル濃縮廃液の固化体	約 30m³	200 リットルドラム缶	約 250 本
廃溶媒の熱分解生成物	約 40m³	200 リットルドラム缶	約 150 本
廃樹脂及び廃スラッジ	約 10m³		
燃料被覆管せん断片及び燃料集合体端末片	約 300t	1,000 リットルドラム缶	約 400 本
チャンネルボックス及びバーナブルポイズン	約 100t	200 リットルドラム缶	約 550 本
雑固体廃棄物	約 1,000t	200 リットルドラム缶	約 4,300 本
保障措置分析所から受け入れる雑固体廃棄物	約9m³	200 リットルドラム缶	約 50 本

（注）高レベル廃液は、高レベル濃縮廃液、不溶解残渣廃液、アルカリ濃縮廃液、アルカリ洗浄廃液である。

事業許可申請書（補正）より

工場、各工場から発生する放射性廃棄物の処理・貯蔵施設などが新たに必要となります。「リサイクル」を無限回くり返すとすれば、それらの施設も建てては壊すことをくり返さなくてはなりません。それら全体を合わせた廃棄物の量で考えれば、気が遠くなるような増え方になるでしょう。

再処理をしないケース（上）とするケース（下）の比較

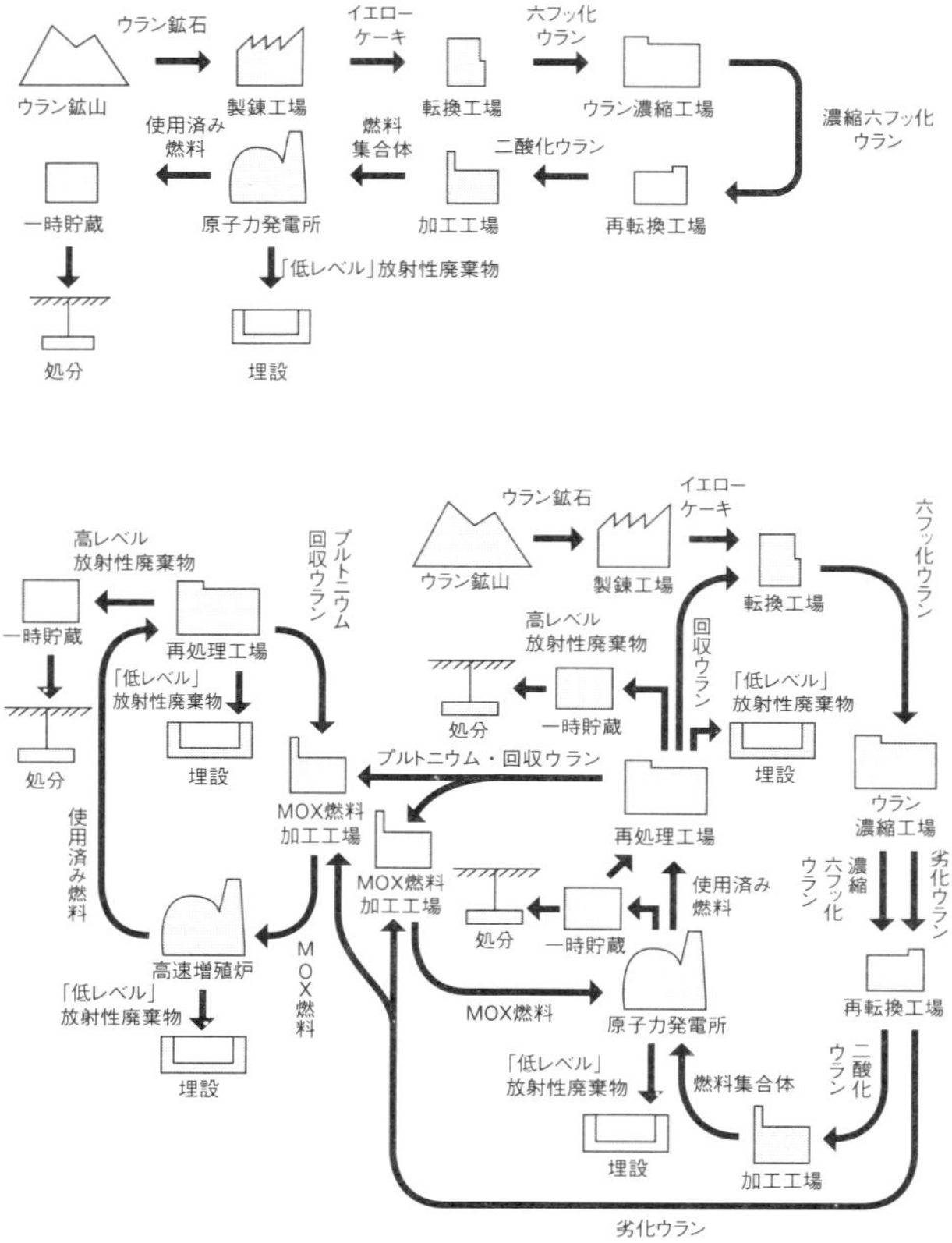

※「低レベル」放射性廃棄物は、図に示したほか、すべての施設で発生する。
※高レベル放射性廃棄物、使用済み燃料は処分せず、管理を続ける考え方もある。

原子力資料情報室
産業界とは独立な立場から原子力に関する資料・情報を集め、市民活動に役立つよう提供している特定非営利活動法人。

原水爆禁止日本国民会議
「いかなる国の核実験・核兵器にも反対する」として結成された反核・平和運動団体。「核と人類は共存できない」と主張している。

ＭＯＸ
混合酸化物の英語の略称で、具体的にはプルトニウムとウランの混合酸化物をいう。ＭＯＸを焼き固めてＭＯＸ燃料とする。

Q4 使用済み燃料対策こそが再処理の目的なのですか？

再処理工場はリサイクルできる夢の工場ではなく、使用済み燃料の搬出先でしかないというのは、意外な感じがします。実際にそうなのですか？

使用済み燃料の共同貯蔵施設

「再処理しないと、原発から使用済み核燃料があふれ、発電を止めなければならなくなる」——二〇〇五年九月三〇日付『日本経済新聞』に引用《いんよう》されていた東京電力の勝俣恒久《かつまたつねひさ》社長の発言です。

各原発の使用済み燃料の貯蔵量《ちょぞうりょう》は、どんどんと貯蔵プールの容量いっぱいに近づいています。そのため、燃料の間隔《かんかく》が詰《つ》められるようにして容量を増やしたり、同じ原発のなかで余裕のある号機の貯蔵プールに移送《いそう》したり、敷地内に新たなプールあるいは空冷式《くうれいしき》の容器を用いた貯蔵施設をつくったり、さらには、青森県むつ市に立地が計画されているように、貯蔵のみを事業とする大型の空冷式容器貯蔵の施設を建設する手続きをすすめたりと、さまざまな対応がとられています。

貯蔵プール
原発で燃やされた後の使用済み燃料は、放射能が出す熱があるので、冷やしてやらなくてはならない。水中に漬けて冷却しながら貯蔵するのが、貯蔵プールである。

空冷式の容器
「キャスク」と呼ばれるもので、輸送と貯蔵に用いられる。熱をよく逃がすように外面にフィンがついている。

使用済み燃料対策がまだそれほど切実《せつじつ》になる以前から、再処理工場は使用済み燃料の搬出先《はんしゅつさき》とされていました。

電気事業連合会が青森県と六ヶ所村《ろっかしょむら》に再処理工場など核燃料サイクル関連施設群（当時の報道では「核燃料サイクル基地」）の立地《りっち》申し入れをした二カ月後の一九八四年九月二〇日付『電気新聞』で、動力炉《どうりょくろ》・核燃料開発事業団の瀬川正男《せがわまさお》前理事長・日本原子力文化振興財団理事長が、インタビューに答えて、こう述べています。

「日本では早急に再処理が必要だ。なぜなら、次々と生み出される使用済み燃料を早急に何とかしなければならないからだ。原子力全体に対するトイレなきマンションという批判《ひはん》にそろそろ決着をつけねばならない」。

「こんどの再処理工場は再処理とともに使用済み燃料の共同貯蔵施設という性格をより多く持たせるべきだと思う」。

「より多く」とは、もともとその性格があったという意味です。

現に六ヶ所再処理工場と東海再処理工場を比べると、再処理の能力では六倍なのに、使用済み燃料を貯蔵するプールの容量は二一倍にもなっています。

同年一一月一〇日号の『週刊東洋経済』で科学技術庁の中村守孝《なかむらもりたか》原子力

動力炉・核燃料開発事業団

一九五七年に設立された原子燃料公社を六七年に再編してつくられた国の研究開発機関。相次いだ事故・不祥事により九八年、核燃料サイクル開発機構に改組され、さらに二〇〇五年、日本原子力研究所と統合されて日本原子力研究開発機構となった。

日本原子力文化振興財団

文部科学省や経済産業省から委託を受けるなどして原子力PRを行なっている財団法人。

局長が、「電力業界の人の中には（中略）プールだけ利用すればいいとあからさまに言う人がいる」と嘆《なげ》くわけです。

ホンネのホンネは？

もっとも、瀬川インタビューをよく読むと、使用済み燃料の処理そのものよりも、「トイレなきマンション」という批判をかわすことこそが目的のようです。電力会社自身に言わせれば、「それが原発建設の前提となるストーリーになっているから、ただ青写真《あおじゃしん》を見せるだけでなく再処理工場をつくることが、これからの原発建設に欠かせない段階にきている」ということでしょう。電気事業連合会の申し入れ当日、七月二七日付『毎日新聞』に載った小林庄一郎《こばやししょういちろう》同連合会会長・関西電力社長の発言です。

とすれば、やはりプールだけでは足らず、再処理工場そのものが動かないといけない、となるのでしょうか。

電力会社のホンネと思われている使用済み燃料対策すら言いわけで、六ケ所再処理工場という政策失敗の産物《さんぶつ》をむりやり動かすための口実《こうじつ》というのが正直なところのようで

科学技術庁

科学技術行政を推進するために設けられた総理府の外局。中央省庁再編で文部省に吸収され、文部科学省となった。その際、原子力に関わる業務の多くは、資源エネルギー庁と原子力安全・保安院に移されている。

各原発の使用済み燃料貯蔵量と貯蔵容量
（2005年9月現在）

発電所	貯蔵量	容　量
泊	320	420
女川	300	790
福島第一	1,430	2,100
福島第二	1,040	1,360
柏崎刈羽	1,980	2,800
浜岡	840	1,580
志賀	80	160
美浜	310	620
高浜	1,020	1,370
大飯	1,160	1,900
島根	340	600
伊方	500	930
玄海	730	1,060
川内	670	900
敦賀	540	870
東海第二	310	420
合計	11,570	17,860

電気事業連合会発表より

す。

　そして、再処理工場を動かせば、取り出されたプルトニウムとウランが貯まりつづけます。六ヶ所再処理工場では二〇〇六年一〇月一七日、まだ本格的に動き出してもいないうちに、プルトニウムとウランの混合酸化物（ＭＯＸ）およびウランの酸化物《さんかぶつ》の貯蔵施設の増設計画が発表されました。再処理の操業に際して発生する低レベル廃棄物の貯蔵施設も増設されます。

　再処理工場は、使用済み燃料の貯蔵施設であり、プルトニウムとウランの貯蔵施設であり、低レベル廃棄物と高レベル廃棄物の貯蔵施設と言うことができるでしょう。

プロブレムQ&A

II

六ヶ所再処理工場・その1

Q5 六ヶ所再処理工場はもう運転を始めているのですか？

六ヶ所再処理工場からの放射能汚染が心配だと聞きました。運転開始はまだ先のことと思っていましたが、工場はもう動いているのですか？

アクティブ試験

六ヶ所再処理工場の本格操業《ほんかくそうぎょう》の開始は二〇〇七年八月と計画され（延期は必至）、いまは試運転《しうんてん》が行なわれています。「アクティブ試験」と名づけられた試運転は、水や蒸気を機器に流して行なう「通水作動《つうすいさどう》試験」、硝酸《しょうさん》や有機溶媒《ゆうきようばい》などの化学薬品を使って行なう「化学試験」、そして、ウラン溶液《ようえき》や模擬《もぎ》のウラン燃料による「ウラン試験」に続いて、二〇〇六年三月三一日から始められました。

本格操業と同じく、実際の使用済み燃料を用いて行なう最終的な試運転です。つまり、工場はもう動いていることになります。といっても、最初は放射能の少ないものから始めて、だんだんと本格操業なみの条件に近づけます。そのアクティブ試験は、八月一二日からは第二段階に入り、い

六ヶ所再処理工場反対の立看板

よいよ一一月一六日からプルトニウムとウランの混合酸化物が製品化されはじめました。

青森県、六ヶ所村と日本原燃《にほんげんねん》との間で三月二九日に結ばれた安全協定でも、アクティブ試験での放出放射能の管理目標値は、本格操業とまったく同じ。処理する使用済み燃料の量が少ないことを考えれば、むしろ本格操業以上に放射能を放出してよいと言っているようなものかもしれません。

試運転とはいえ、工場も環境も放射能による汚染《おせん》が始まり、労働者の被曝《ひばく》も始まっているのが現状です。

放射能汚染を案じる岩手県民

六ヶ所再処理工場のアクティブ試験が近づくにつれて、隣県《りんけん》の岩手で新しい反対の声がひろがりました。親潮に乗って放射能が三陸海岸《さんりくかいがん》を南《なん》下《か》することを恐れたものです。二〇〇五年一〇月三日には、沿岸の環境影響評価などを求めた請願《せいがん》が岩手県議会で採択《さいたく》され、同県内のいくつもの市町村議会で再処理中止の請願が採択されました。二〇〇六年三月三一日のアクティブ試験入りには、宮古市など六市町村が連名で日本原燃

六ヶ所再処理工場の試験工程

試験のステップ	通水作動試験 2001年4月～	化学試験 2002年11月～	ウラン試験 2004年12月～	アクティブ試験 2006年3月～	操業開始 2007年8月予定（延期必至）
使用する主な物質	水、空気	硝酸、有機溶媒等	試験用ウラン、硝酸、有機溶媒等	使用済み燃料、硝酸、有機溶媒等	

に抗議文《こうぎぶん》を発しています。

さらに二〇〇六年九月一三日、久慈《くじ》市議会が、また二七日には洋野《ひろの》町議会が、放射能海洋放出規制法《ほうしゃのうかいようほうしゅつきせいほう》の制定を国に求める意見書を全会一致《ぜんかいいっち》で可決しています。

心配をしているのはもちろん、青森県や岩手県の人たちばかりではありません。二〇〇六年九月二日には東京で「六ヶ所再処理工場による放射能汚染！　食の汚染にどう向きあうか」と題した討論集会《とうろんしゅうかい》が開かれ、生協や産直《さんちょく》運動などにかかわる多くの参加者がありました。

歌野晶午《うたのしょうご》さんの小説『世界の終わり、あるいは始まり』（角川書店、二〇〇二年）には、本筋《ほんすじ》を逸脱《いつだつ》するかのように突然、こんな主人公の考え方が記され、作者の懸念が逆説的に表現されています。

「世の中で何が発生しようと、たとえロシアの原子力発電所がメルトダウンしようと、いやそんなに遠くなくていい、東北の核燃料施設で放射能漏《も》れが発生しようと、その汚染が直接わが家に届かないかぎり、自分はきっと平和を感じているに違いない」。

日本原燃
電力会社を中心に原子力産業などが共同出資した株式会社。

Q6 寄り合い所帯での建設で大丈夫なのですか?

六ヶ所再処理工場の建設・運転は、いくつもの会社で分担するのだと聞きました。そんなことをしてうまくいくものでしょうか?

内外の多数企業で分担

六ヶ所再処理工場の基本設計に着手《ちゃくしゅ》した一九八六年六月、国内外のメーカーなどの担当分野が明らかにされました。使用済み燃料の剪断《せんだん》、溶《よう》解《かい》というメインプロセスを幹事会社《かんじがいしゃ》の三菱重工《みつびしじゅうこう》が、フランスのSGN社からの技術導入《ぎじゅつどうにゅう》で日立《ひたち》、東芝《とうしば》、日揮《にっき》とともに担当するほか、溶解液から高レベル廃棄物を分離する溶媒抽出工程《ようばいちゅうしゅつこうてい》を東芝が日立や日揮などと担当し、溶解・抽出の際に使った硝酸などを回収する工程を日立製作所が、イギリス核燃料公社《かくねんりょうこうしゃ》(BNFL)からの技術導入によって担当する、などというものです。

寄せ木細工《よせぎざいく》というにも複雑すぎるでしょう。右にみたのはほんの一部で、実際にはさらに多くの内外の企業がかかわっています。こんな分担

SGN

フランス核燃料公社(コジュマ)のエンジニアリング子会社。現在はAREVA(三九ページ注参照)傘下に入っている。

BNFL

民営化により「核燃料会社」となっているが、所有している施設はほとんど原子力廃止措置機関(NDA)に移管された。

となったのは、各社が受注《じゅちゅう》を競ったからではありません。単独ではどこも引き受け手がなく、大手メーカーがリスクを分け合ったからです。

寄せ木細工の継ぎ目がうまくいくはずがないのは、原子力船「むつ」が証明する通りです。「むつ」の建造をめぐっては、発注者の日本原子力船開発事業団と造船業界《ぞうせんぎょうかい》、原子力業界が「責任はとりたくない、面子《めんつ》は保ちたい、しかも仕事は欲しい、エゴをむき出しの暗闘《あんとう》」（倉沢治雄『原子力船「むつ」』、現代書館、一九八八年）を繰りひろげたあげく、船体は石川島播磨《はりま》重工業《じゅうこうぎょう》、原子炉は三菱原子力工業が受け持つことになりました。そして一九七四年九月一日、まさにその継ぎ目で放射線漏《も》れ事故が起こったのです。はるかに危険の大きな再処理工場の寄せ木細工は、計画自体が無理だということを何よりよく示しています。

ガラス固化技術の不確かさ

なかでも「ここを失敗すると、工場は動けなくなり」「ガラス固化こそ再処理工場の鍵《かぎ》」と松永長男《まつながながお》元東京電力原子力開発本部副本部長が『原子力発電の原点と焦点』（電気情報社、二〇〇一年）で指摘《してき》する高レベル放射性廃液のガラス固化は、石川島播磨重工業が、動力炉・核燃料開発事業団

むつ
原子力船の実験船。一九七四年、初臨界から四日目に放射線漏れ事故を起こした。改修して一六年後に実験を再開。四回の実験航海ののち九五年に原子炉を撤去、船体は海洋観測研究船「みらい」に変身した。

出港を阻止しようとする漁船団に囲まれた「むつ」

日本原子力船開発事業団
一九六三年に設立された特殊法人。八五年、日本原子力研究所に吸収され、事実上、原子力船開発は終息した。

からの技術導入によって担当するとされました。ところが、同事業団およびその後身である核燃料サイクル開発機構、日本原子力研究開発機構のガラス固化技術は、とても信頼できるものではありません。

茨城県東海村《とうかいむら》につくられた固化技術開発施設（TVF）は、一九九五年二月二〇日に薄めた高レベル廃液を使っての試験を開始した途端《とたん》にトラブルが発生、三日後の二二日には三本目の固化体を製造中に溶融ガラスを容器に流し込む装置で目詰まり。復旧をして再開、さらに開発運転に入ってからも、一九九七年三月一一日の低レベル放射性廃棄物アスファルト固化施設の火災爆発《かさいばくはつ》事故により二〇〇〇年一一月二〇日まで再処理工場全体がス

TVF1号溶融炉の構造

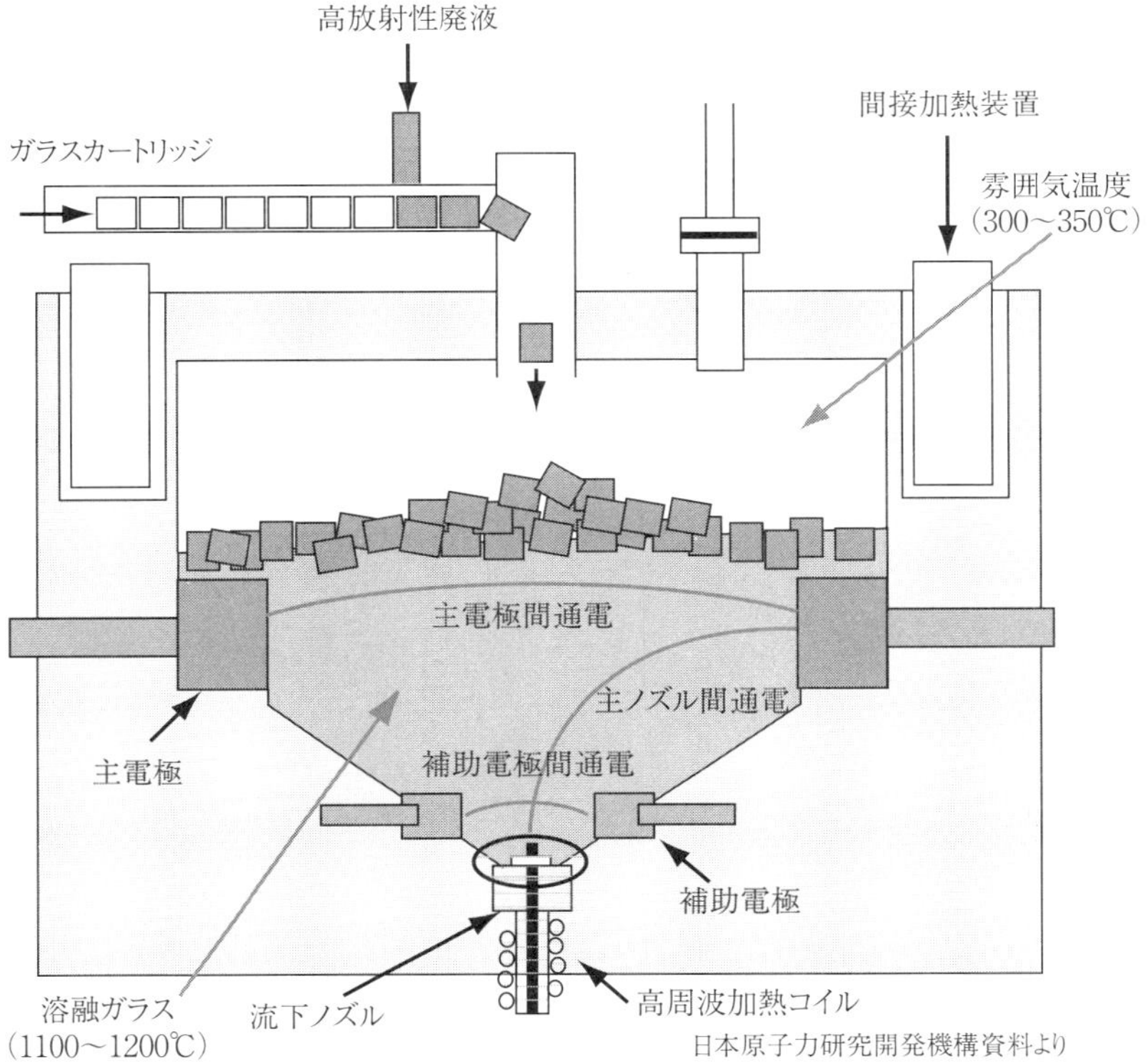

日本原子力研究開発機構資料より

トップ、運転再開後の二〇〇二年三月には電極《でんきょく》内の冷却空気流路《りゅうろ》にガラス等の溶融物《ようゆうぶつ》が浸入するトラブルで停止し、けっきょく一号炉は試運転の二二本をふくめて一三〇本のガラス固化体を約七年かけて製造しただけで廃止されました。スタート時の広報《こうほう》によれば、年間で最大一四〇本の固化体が製造できるはずだったのですが……。

　大規模な遠隔操作《えんかくそうさ》によって「改良型溶融炉《かいりょうがたようゆうろ》」という二号炉への更新が行なわれ、二〇〇四年一〇月から運転を開始しましたが、さて、どんな実績が得られることやら。二〇〇六年三月末までの約一年半での製造実績《せいぞうじっせき》は八八本です。

　六ヶ所再処理工場には、この改良型を採用した「K施設」が、石川島播磨重工業によってつくられました。再処理工場本体よりやや遅れて試験が行なわれています。設計寿命はわずか五年ですから、すぐにまた二号炉が必要になります。

　さらに「高度化溶融炉《こうどかようゆうろ》」の開発が行なわれる計画で、「長寿命化《ちょうじゅみょうか》、コンパクト化、白金族堆積《はっきんぞくたいせき》の構造的防止、解体廃棄物発生量の低減《ていげん》を可能とする溶融炉」（日本原燃「六ヶ所再処理施設におけるガラス固化技術の現状と今後の取組みについて」、二〇〇四年三月二六日）をこれから開発するというのですから、まだまだ課題が山積《さんせき》しているということでしょう。

白金族

ルテニウム、ロジウム、パラジウム、オスミウム、イリジウム、白金の六元素の総称。化学的に安定で耐食性が強いという共通の性質から「族」と呼ばれる。その性質のため溶けにくく残渣として残るので、事故の原因となったり、化学分離の効率を下げたりする。

ガラス固化体の埋蔵施設

ガラス固化体は埋蔵施設のピットに収納され、放射能によって出る熱は空気により冷却される。

核燃料サイクル開発機構では正直にこう述べていました。「廃棄物高含《こうがん》有率《ゆうりつ》ガラス固化体の製造技術に関しては、商用溶融炉のホット試験に初めから反映《はんえい》できるとは考えていません。ＴＶＦで実証した成果を基《もと》に、設備の改造等勘案《かんあん》した上で、許認可《きょにんか》変更を行い適用を図ることになると考えられます」（「ガラス固化技術開発施設における高レベル放射性廃液のガラス固化技術開発」補足説明資料、二〇〇三年一一月）

AREVAの商業機密の塊

六ヶ所再処理工場の建設は、単に寄せ木細工であるばかりでなく、フランスの原子力産業ＡＲＥＶＡの「商業機密の塊」（二〇〇六年六月七日付『電気新聞』）である点が、こわいことのように思われます。そこでは、関係する数多くの企業が商業機密のため横につながれないのです。継《つ》ぎ目は一般に考えられる以上に大きくひろがっているのかもしれません。

そしてさらに、操業に携わる日本原燃は、それこそ体質もバラバラな電力各社や日本原子力研究開発機構などから寄せ集められた社員によって成り立っています。また、何層にもなる下請け構造があります。

建設から操業まで、すべてが寄せ木細工のこわさです。

ホット試験

放射性物質をつかった試験。「ホット」とは、放射能レベルが高いことをいう。

AREVA

仏核燃料公社（コジェマ）、フラマトム、ＣＥＡインダストリーが統合して発足した核燃料サイクル事業・原子力機器製造事業の企業グループ。資本金の大部分はＣＥＡ（原子力庁）など国の機関や国営企業が所有している。

Q7 これまでに事故は起きていますか?

六ヶ所再処理工場は試運転の段階にあるとのことですが、試運転が始まってから、もうすでに事故が起きているのですか? 本当に大丈夫なのでしょうか?

このぐらいですんで

六ヶ所再処理工場では、二〇〇六年三月三一日にアクティブ試験に入りました。実際の使用済み燃料を使った試運転です。直後から、さまざまな事故・トラブルが頻発《ひんぱつ》しています。むろん、それ以前の試験のときにも頻発していました。

当然といえば当然でしょう。再処理工場と一口に言いますが、六ヶ所再処理工場は約三八〇万平方メートルの敷地に大小あわせて三五もの建物があり、地下のトンネルで結ばれています。工場全体の配管の総延長は約一五〇〇キロメートル。配管の継《つ》ぎ目は四〇万カ所もあるのです。おまけに、六ヶ所再処理工場では、工場全体にわたってさまざまな不正工事が行なわれてもいました。何のトラブルもないとしたら、それこそ不思議です。

試運転そのものへの反対をおくとすれば、試験なのですから、そもそもトラブルはあってよく、その一つひとつに対策が立てられ、機器の補修《ほしゆう》が行なわれてこそ、試験の意義《いぎ》があると言えます。しかしそれらは、実際の使用済み燃料を使い、施設の多くの箇所に人間が補修に入れない状態になった後での試験でなく、もっと以前の試験のときに不具合を見つけ、対策を立て、補修しておくべきものでした。

以前の試験をちゃんとやってこなかったツケが、いまあらわれているのです。

電気事業連合会の勝俣恒久会長（東京電力社長）は、五月一九日の定例記者会見で「このぐらいですんで大変ありがたい。許容《きよよう》していただければありがたい」と述《の》べたそうです。起きてしまった事故・トラブルについて言えば、軽く見なして「試

六ヶ所再処理工場の完成予想図

験は順調に行なわれている」と宣伝するのではなく、最大限に教訓《きょうくん》を汲《く》み取って本格操業の肥《こや》しにするというのが、本来の試験のあり方なのではないでしょうか。青森県民は、「このぐらいですんで」と安心するどころか、事故の危険を招き寄せかねない姿勢として、かえって不安を強めています。

内部被曝でなく「体内取り込み」

二〇〇六年九月二一日には、兒島伊佐美《こじまいさみ》日本原燃社長が、それまで「内部被曝《ひばく》」として公表してきた事故について、受けた放射線量が少ない場合は「放射性物質の体内取り込み」との表現に改める、と記者会見で明らかにしました。

「一般市民が正しく理解できるように、日常使っている平易《へいい》な言葉を使うことが大事」というのですが、県民の間からは「被曝隠しだ」と反発の声が聞かれます。

九月二二日付の『朝日新聞』青森県版には、原子力安全・保安院の石井《いしい》康彦《やすひこ》核燃料サイクル規制課長のコメントが載っていて、いわく「『体内取り込み』という表現でも、上に『放射性物質の』という言葉が加わるのな

内部被曝
体内被曝ともいう。人体の中にとりこまれた放射能で被曝すること。アルファ線やベータ線は、放射能が体外にあるときの被曝の影響は小さいが、内部被曝の場合に大きな影響を与える。

原子力安全・保安院
原子力利用などの規制に当たる資源エネルギー庁の「特別の機関」。

ら、それほど意味は変わっていない」。放射性物質を体内に取り込めば内部被曝をするわけですから、確かに意味は変わっていないのかもしれません。

問題は、そうやって少しでも事故・トラブルを軽く見せようとする姿勢にあるのです。

実態的には実証プラント

原子力委員会の近藤駿介委員長は、六ヶ所再処理工場ではリスク管理システムができていないとして、二〇〇三年時点で早々と同工場に見切りをつけていました。「六ヶ所の再処理工場の現状・現在の六ヶ所の問題をみて再処理の是非《ぜひ》を論ずべきでない」というのです（『インサイド原子力』二〇〇三年五月二六日号）。

その前には東京電力の池亀亮《いけがめりょう》顧問が日本原子力学会の二〇〇二年秋の大会の一セッションで「あれは実証プラントだと思っている」と述べていました。

どちらも、直接にはコストについて言っているのですが、技術的にも実用以前のものが商業施設の名目で六ヶ所村に押しつけられたと言ってよいでしょう。

リスク管理
リスク・マネジメント。各種のリスクを管理して災害や経済的損失を回避ないし低減すること。

実証プラント
実用施設の手前で、技術の実証と経済性の見通しを確立するための施設。

六ヶ所再処理工場の主な事故

《2001. 4.20 通水作動試験開始》

2001. 7.10　燃料貯蔵プールで漏洩発生

2001.12.28　「異常出水」と発表

2002. 1.31　漏洩と確認

2002.10.24　漏洩箇所をようやく確認

４カ所の貫通穴の原因は不正工事

不正工事は工場全体で続々と判明

《2002.11. 1 化学試験開始》

2003. 2. 7　燃料送り出しピットでも漏洩発生

2003. 3.11　ウラン脱硝建屋で硝酸溶液漏れ

2003. 4.19　燃料移送ピットでも漏洩

《2004.12.21　ウラン試験開始》

2005. 1.14　高レベル廃棄物貯蔵施設の設計ミスが発覚

2005. 2.16　前処理建屋で硝酸ナトリウム溶液漏れ

2005. 6. 8　バーナブルポイズン取扱いピットでも漏洩

《2006. 3.31 アクティブ試験開始》

2006. 4.11　前処理建屋でプルトニウムをふくむ洗浄廃液漏れ

2006. 4.23　分離建屋と精製建屋をつなぐ配管で放射能漏れ

2006. 5.17　精製建屋で硝酸ウラナス溶液漏洩

2006. 5.22　分析建屋でプルトニウム内部被曝

2006. 6.24　分析建屋でプルトニウム内部被曝

2006. 8.19　前処理建屋で剪断機内に固着物が詰まる事故

Q8 東海工場の経験は役に立たなかったのですか?

六ヶ所再処理工場の前に、東海再処理工場が運転をしています。その経験は六ヶ所再処理工場の建設・運転に生かせていないのですか?

補修技術が育てられた

東海再処理工場は、動力炉・核燃料開発事業団が建設し、一九七七年九月から試運転、八一年一月から本格運転を開始しましたが、年間の最大処理能力二一〇トンとされていたのに、九〇トンを超えたことすら一度しかなく、最大実績は九五・七トンでした。後身の日本原子力研究開発機構は、二〇〇六年三月で通常の運転を終了し、現在は「研究開発運転」に移行しています。今後、高燃焼度《こうねんしょうど》燃料（後述）やプルサーマルの使用済み燃料の試験的な再処理を行なうことになります。

原子力安全委員会の『原子力安全白書』ではいまも処理能力二一〇トンと書かれている一方、原子力委員会の『原子力白書』では九〇トンと下げられている不統一ぶりに、実状がよく表現されていると言えるでしょう。

トン

核燃料やその使用済み燃料の重量は、ふくまれるウランやプルトニウムといった重金属の重量であらわす。燃料全体の重さではないのでトンU（ウラン）とかトンHM（重金属）とするのが正しい表現だが、単に「トン」とだけ書くことが多い。

高燃焼度燃料

燃焼度とは、原子炉で燃料がどれだけ燃えたかの尺度。高燃焼度燃料は、高い燃焼度まで燃やせるように、核分裂しやすいウランの含有率を高めた燃料である。

本格運転二五年間の平均利用率は、二一〇トンを一〇〇パーセントとすれば、わずか一九・八パーセント、九〇トンとしてすら四六・一パーセントでした（再処理工場の「処理能力」は、あらかじめ定期検査で休む分を除いていますから、原発などの設備利用率と比べれば、さらに低い利用率となります）。

『原子力工業』の一九八二年一一月号で、瀬川正男理事長は、「運転修理に予算のほとんどをかけていて、次の大型工場のためのモックアップは一部しかやれなかった」と言っていました。六ヶ所再処理工場に移転すべき研究開発はできなかったのです。

日本原燃の初期のパンフレットには「東海村でも一〇年以上の運転実績があります」とありましたが、小さな字まで読むと「周辺の施設は、国内で実績と経験のある東海再処理工場の技術を採用します」と書かれていました。メインの施設には実績の活《い》かしようがなかったわけです。

もっとも、一九九〇年五月に青森放送が放映したテレビ討論の中で、動力炉・核燃料開発事業団の大和愛司《やまとあいじ》安全部次長は、「補修技術が育てられてきた」と反論しました。現在、同次長は日本原燃の常務取締役に就任しています。補修技術が少しでも設備利用率の低下を食い止められると期

モックアップ　性能試験を行なうための実態模型。

東海村の日本原子力研究開発機構施設

待できるでしょうか。

　そもそも東海再処理工場で処理の対象としてきた使用済み燃料は、どれくらい燃やしたかを示す燃焼度《ねんしょうど》（単位はMWD／T）で言えば、各原発からの受け入れ燃料の平均でほぼ二万八〇〇〇どまり。四万五〇〇〇といった高燃焼度燃料の使用済み燃料の試験は、これからです。それに対して六ヶ所再処理工場では、一日当たり平均で四万五〇〇〇、最高では五万五〇〇〇の計画です。

　燃焼度が高いということは、放射能が多く、また、なかな

東海再処理工場の運転実績

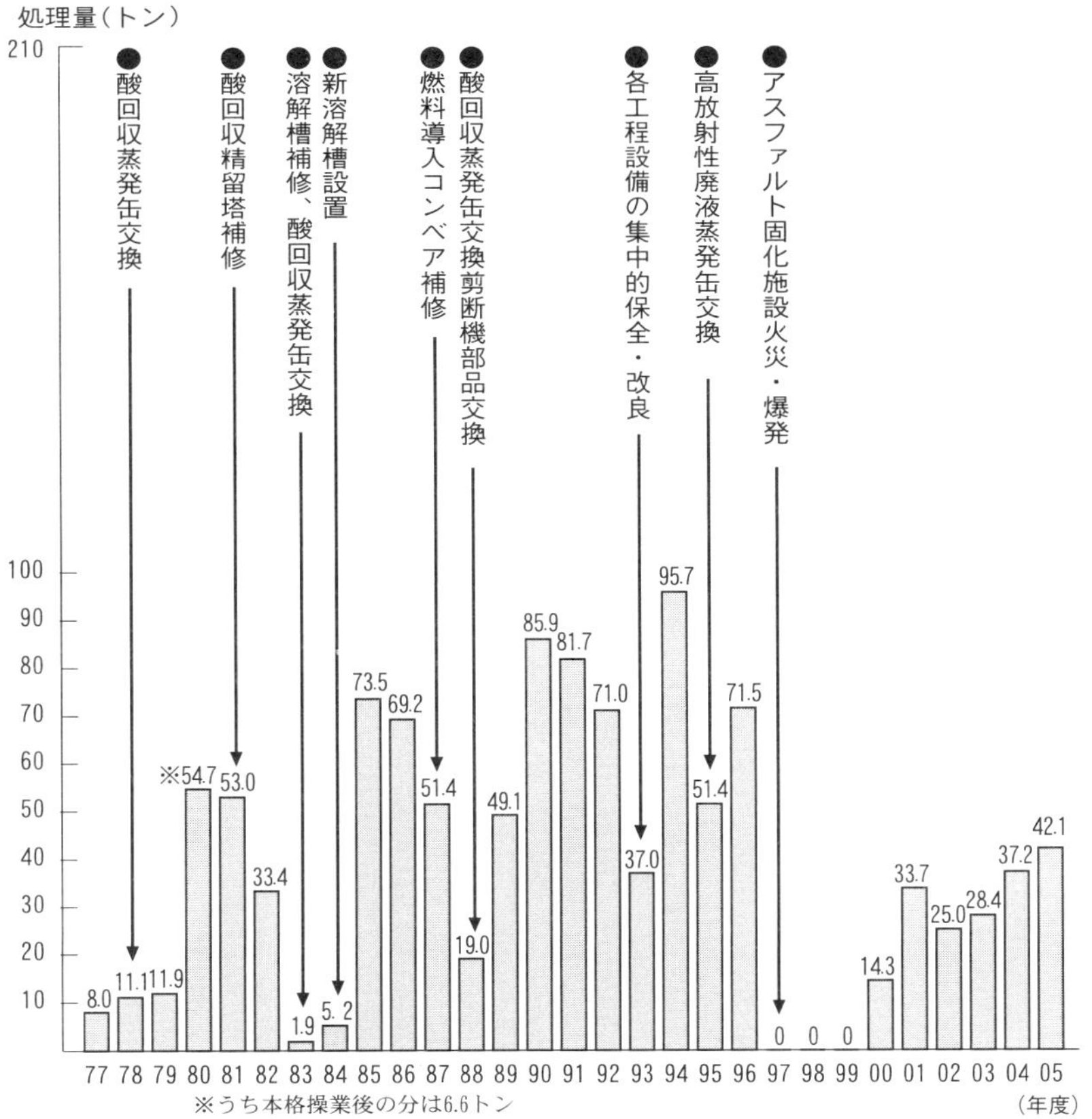

原子力資料情報室作成

か硝酸《しょうさん》に溶けにくいということであって、再処理はそれだけやっかいになります。すなわち東海再処理工場の経験は、およそ役に立ちそうにありません。廃液《はいえき》のガラス固化また然《しか》りです（↓Q６）。

コスト低減のみ踏襲

ところで、東海再処理工場の建設に際しては、再処理コストの低減《ていげん》を求める電力会社の意向《いこう》で、いくつもの設備をつけないことにしたといいます。日本原子力産業会議発行の『原産半世紀のカレンダー』で、森一久《もりかずひさ》副会長は「コスト低減のため外した設備には、予備の溶解槽《ようかいそう》など、化学工場として稼働率《かどうりつ》を保つための致命的《ちめいてき》なものが多く、後に臍《ほぞ》を噛む思いをするのであった」と書いていました。

その経験があったにもかかわらず、六ヶ所再処理工場でも、コスト低減のため高レベル廃液貯蔵タンクの削減《さくげん》などを行ないました。ガラス固化につまずけば、たちまち満杯になってしまいます。

東海再処理工場の経験は役に立たないだけでなく、少しでも役に立てようという意識すらないということになりそうです。

MWD／t
　トン当たりメガワット日。燃料一トン当たりの発熱量。メガワットはキロワットの一〇〇〇倍で、一日は二四時間だから、一メガワット日は二万四〇〇〇キロワットアワーである。電気出力で言うと、約三分の一の八〇〇〇キロワットアワーほどになる。

日本原子力産業会議
　産業界の総意に基づく原子力推進団体として設立された社団法人。二〇〇六年、「日本原子力産業協会」へと衣更えした。

溶解槽
　再処理工程で切りきざんだ核燃料を溶解処理するタンク。

動燃マンも未経験

いや、そもそも動力炉・核燃料開発事業団の東海再処理工場の経験者にとっても六ヶ所再処理工場は未経験なのだ、との見方もあります。基本的な技術は同じでも「個々の施設の機器等はＴＲＰと全然異なるものが多々あり、動燃マンも未経験である」と、元再処理技術者の飯村《いいむら》勲《いさお》さんが『核・原子力・エネルギー問題ニューズ』二六六号（二〇〇六年二月）に書いていました。

「『うまくいかなかったら旧動燃のせいだ』という声がするとか。とんでもない話である。『動燃なんかに頼んだらろくなことはない』と言っておきながら、なぜ動燃に頼むのか」と。

ＴＲＰ
東海再処理工場の略語。同様に六ヶ所再処理工場はＲＲＰと略す。

プロブレムQ&A

III

再処理の危険性

Q9 再処理工場では原発一年分の放射能を一日で出すのですか？

事故がなくても、再処理工場からは日常的に大量の放射能が放出されるというのは、ほんとうですか？　どうしてそんなにたくさんの放射能が出るのですか？

クリプトン、トリチウムは垂れ流し

現在の主流である「湿式《しつしき》」の再処理工場では、使用済み燃料を切りきざみ、加熱した硝酸の液に放射能を溶かし出したうえで、有機溶媒《ゆうきようばい》によってウランとプルトニウムを抽出します。硝酸溶液には、燃料の中に閉じ込められていた放射能が、すべて出てくるのです。そのため、「原発が一年で出す放射能を再処理工場は一日で出す」と言われるように、工場の内部と環境を大量の放射能で汚染します。

使用済み燃料を切りきざんだときに、排気筒《はいきとう》と呼ばれる煙突《えんとつ》からは気体状のクリプトンが全量垂《た》れ流されます。管理目標値で比較すると、「世界最大の原発」である柏崎刈羽原発の約五〇〇〇倍です。ヨウ素も気体になって放出されやすく、半減期が長い種類のヨウ素は周辺環境に蓄積《ちくせき》されれ

湿式
使用済み燃料を溶液にとかして行なう再処理の方法。気体状や粉末状、溶融状にして行なう「乾式」は未だ開発の初期段階にあり、実用化されている再処理工場はすべて湿式である。

クリプトン
原子番号三六の元素。再処理によって放出されるクリプトン-85（半減期一〇・八年）は、大気中に蓄積され、汚染を進行させる。人体への影響としては皮膚被曝が問題。

ていきます。

水素の仲間のトリチウムは酸素と結合して水（トリチウム水）となり、排水といっしょに放水管から海中に垂れ流しとなります。こちらは、なんと約八万倍です。そのほかの放射能の一部も、排気や排水に混じって放出されることになります。

そこで六ヶ所再処理工場では、煙突の高さを一五〇メートルと高くし（柏崎刈羽原発では、一～五号炉分が一五五メートル、六～七号炉分は七三メートル）、排風機を使って時速七〇キロのスピードで排気、大気中に拡散させるとしています。排水のほうは、実に沖合三キロ、水深四四メートルの海底にまで放出口を伸ばし（原発では港の海面に直接放流）、ポンプを使って時速二〇キロで放出して、海水中に拡散させるというのです。

〇・〇二二ミリシーベルトの意味

結果として、平常運転時の被曝量は、最大となる人でも年間〇・〇二二ミリシーベルト（シーベルトは被曝線量の単位）以下、すなわち地球上の人間すべてが一年間に自然界から受け

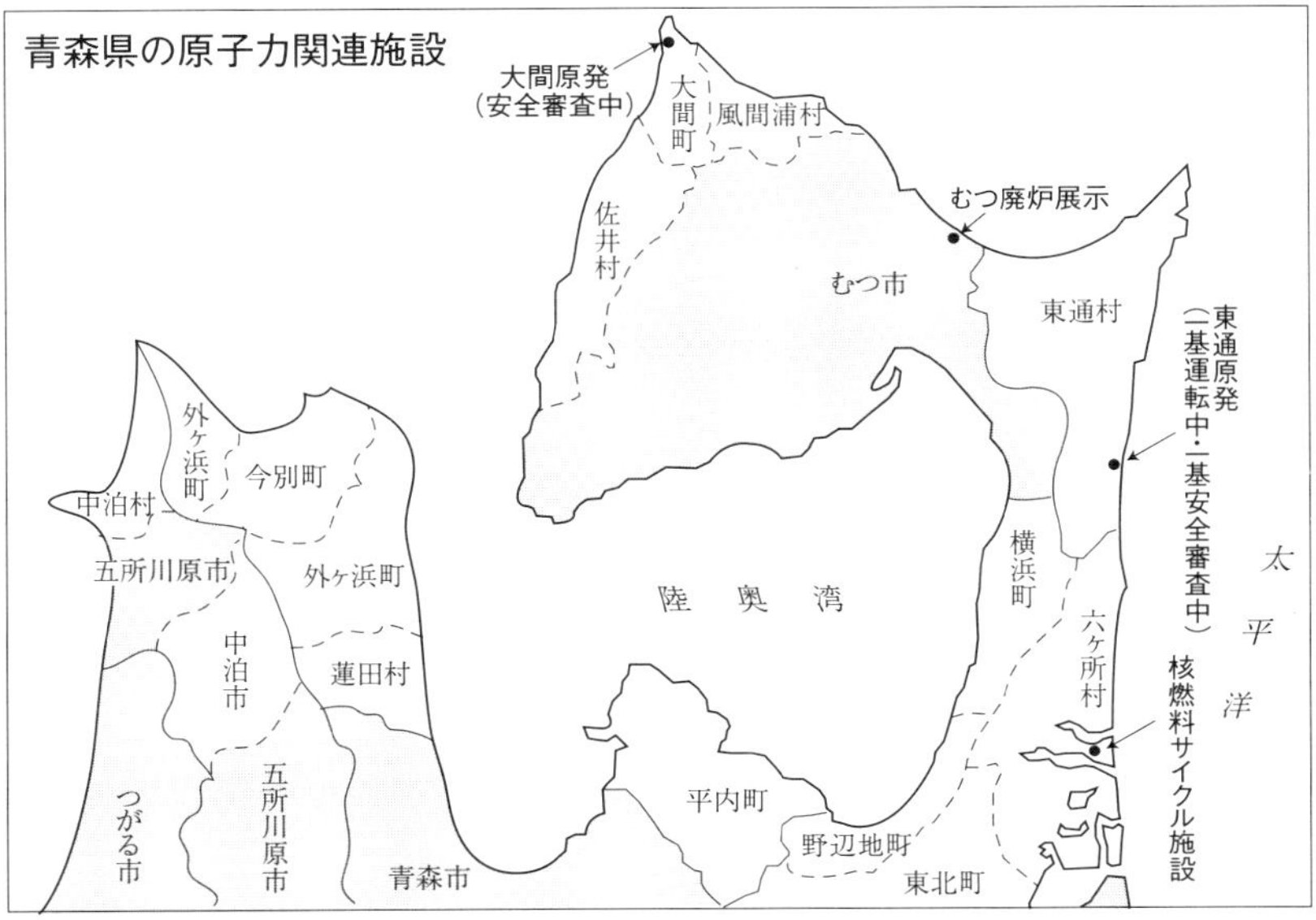

る被曝量の平均値二・四ミリシーベルトと比べれば一〇〇分の一だと、国や日本原燃などは説明しています。しかし、右の被曝線量の評価は、仮定に仮定を積み重ねた計算によるもので、ちょっと別の仮定に変えただけでたちまち何倍にも何十倍にもなってしまいます。

逆に、まず結果の値を決めておいて、それに合うように仮定を置いていくこともできます。六ヶ所再処理工場での再処理事業の指定取り消しを求めて青森地裁で争われている裁判で二〇〇六年九月二二日、原告側が提出した準備書面では、事業指定の申請書《しんせいしょ》（一九八九年三月三〇日）と変更許可申請書（一九九九年七月一七日）の被曝評価を比べていました。

放射能の雲からの外部被曝が二倍近くになる一方で、地表沈着《ちひょうちんちゃく》による外部被曝が三分の一に減ったりといろいろ評価が変わっても、なおかつ合計値はすっかり同じ〇・〇二二ミリシーベルトで変わらないのです。裁判の原告（筆者もその一人）でなくとも、奇異《きい》に思うでしょう。

余分な被曝はごめん

実は電力業界は、六ヶ所村ではなく、北隣りの東通村《ひがしどおりむら》を再処理工場の候補地の本命としていたと言われます。ここにはかつて、東京電力と東北

ヨウ素

原子番号五三の元素で、甲状腺に集まる。放射能をもつヨウ素（半減期八日のヨウ素-131や一五七〇万年のヨウ素-129）が体内に取り込まれると、やはり甲状腺に集まり、甲状腺がんなどを引き起こす。

トリチウム

水素-3。水素（陽子が一つ）に中性子が二つ加わったもので、放射能をもつ（半減期一二・三年）。

事業指定

原子炉等規制法では再処理の事業について、審査を経て「指定」を受けることを求めている。

外部被曝

体外被曝ともいう。人体の外にある放射能からの放射線で被曝すること。

電力が共同で二〇基の原発を建設するという、途方もない計画がありました。ところが電力需要の伸びの低迷と増大するコスト負担のため、原発建設はスローダウンの時期を迎えます。東通原発の計画も四基へと急速にしぼみ、余った用地を再処理工場の候補地に（あわよくば原発計画はなくして再処理工場だけに）と考えられたのです。

しかし、新全国総合開発計画の〝目玉〟であった「むつ小川原開発」の失敗で進出企業もなく広大な土地を遊ばせ、多額の借金に苦しんでいた国・青森県・財界の共同出資による「むつ小川原開発公社」の救済のため、六ヶ所村への

原発と再処理工場：排水規制の違い

液体状の廃棄物の排出について、原発と再処理工場ではまったく違う規制の仕方をしている。原発では、「実用発電用原子炉の設置、運転等に関する規則」で、次のように規制される。

「排水口又は排水監視設備において排水中の放射性物質の濃度を監視することにより、周辺監視区域の外側の境界における水中の放射性物質の濃度が経済産業大臣の定める濃度限度を超えないようにすること」。

そのために大量の温排水にふくめて排出されるのだが、再処理工場ではトリチウムが垂れ流しとなるため、上述の濃度限度を超えないようにしようとすれば、毎日100万トンもの希釈水が必要となる。

それは非現実的なため、「使用済燃料の再処理の事業に関する規則」では、次のように規制することとされた。

「海洋放出口において又は海洋放出監視設備において放出水中の放射性物質の量および濃度を監視することにより、放射性廃棄物の海洋放出に起因する線量が経済産業大臣の定める線量限度を超えないようにすること」。

濃度だけでなく量も規制する厳しい規制ともみえるが、実は線量（被曝量）は複雑な計算によって導き出されるため、原発の排水よりはるかに高い濃度の排出が可能となるのである。

建設が決められました。結果として青森県の広い範囲が、「山背《やませ》」と呼ばれる強い北東の風の風下に当たることになります。『原子力工業』一九八五年二月号で、野辺地《のへじ》町漁協の三国久雄組合長は、こう言っていました。「放射能の気体廃棄物は、六ヶ所村からヤマセに乗って陸奥湾《むつわん》に拡散する。東通村なら太平洋に流れ、陸奥湾には影響ない。わざわざ自然条件の不利な立地を選んだのはどういうわけか」

イギリスやフランスの再処理工場の周辺では、子どもたちの白血病が多発しました（Q17）。放射能の放出量からの評価では起こるはずはないとされることが、現に起きているのです。そのことはまた、六ヶ所再処理工場の周辺で同様の事態になっても、起こるはずはないとして無視されるだろうことを示しています。

そもそも必要のない再処理工場から受ける被曝は、仮に自然界から受ける被曝より小さくても、自然界から受ける被曝に加えてさらに余分に受けるのはごめんです。

Q10 クリプトンやトリチウムは垂れ流すしかないのですか？

放射能を垂れ流しにするなんて許せません。クリプトンにせよトリチウムにせよ、捕集して除去することはできないのですか？

消えた処理建屋

六ヶ所再処理工場では当初、クリプトンやトリチウムを捕集・除去することも検討されていました。青森県議会に提出された「内部資料」には、「クリプトン処理建屋《たてや》」と「トリチウム処理建屋」がはっきり、施設の配置図に書き込まれていたのです。ところが、いつの間にかそれらは消えてしまいました。

クリプトンについては一九七三年三月、前田佳都男《まえだかつお》原子力委員長が、東海再処理工場の運転開始までに放出をゼロにする新方針を明らかにしました。三月三一日付『朝日新聞』は「これは、従来の『許容量以下なら放出してもよい』という考えを捨てて『環境汚染をゼロにするよう全力を尽す』との方向を打出したもの」と報じています。

しかし、結果としてこれも、技術開発はすすめられたものの、実用はうやむやにされました。同工場では、「クリプトン回収技術開発施設」を設計・建設して、一九八八～二〇〇一年のホット試験・開発運転により、回収率九〇パーセント以上という所期の目標を達成したといいます。九六年には施設の一部を改造し、回収したクリプトンの固定化貯蔵のホット試験を二〇〇〇年からはじめています。

とはいえ、その技術が六ヶ所再処理工場で用いられることはありません。それには、先輩工場であるイギリスのＴＨＯＲＰ《ソープ》再処理工場からの働きかけもあったようです。二〇〇一年一月二二日付の英紙『ガーディアン』は、一九九六年三月二二日にイギリス核燃料公社（ＢＮＦＬ）のルパート・Ｗ・ベーカー広報シニアアドバイザーがＴＨＯＲＰ工場のマシュー・シモンズ経営部長に与えた助言のメモを暴露《ばくろ》しました。そこには、こう書かれていました。

「我々がしなければならないことは、日本原燃がクリプトン－８５の除去装置を設置しないよう説得することである。なぜなら、日本原燃が除去装置を設置すれば、我々自身の立場を危うくすることになるからである」。

THORP
イギリスのセラフィールドにある再処理工場。ＴＨＯＲＰは、「熱中性子炉酸化物燃料（ふつうの原発の燃料）再処理工場」を意味する英語の頭文字。

セラフィールド再処理工場

ＢＮＦＬは、実行可能なクリプトンの回収技術が得られていないと、毎年、英国環境省に言いわけをつづけていたのです。

ところで東海再処理工場では、気体廃棄物を放出する際、海のほうに風が流れるときを選んで放出できるように、排ガスの一時貯槽《ちょそう》があります。管理目標値で四分の一の東海工場ですらそうした配慮をしているのに、六ヶ所工場でできないのは、排ガスの量が貯めておくには多すぎるからでしょう。

もちろん「経済的に貯めておくには」という意味で、そもそも回収をしないというのと同じ理由です。

経済性優先が一貫した姿勢

トリチウムは、水の中の水素と置きかわってトリチウム水となるため、クリプトンに比べて捕集・除去がより困難だと言われます。それはその通りなのでしょうが、日本原子力研究開発機構の前身である日本原子力研究所《にほんげんしりょくけんきゅうじょ》では、トリチウム水からトリチウムを分離するのにレーザー技術を使って、きわめて大きな分離性能が確かめられたとしていました。「処理建屋」が計画されていたように、不可能ということではありません。建設が中止されたドイツのバッカースドルフ再処理工場（Q18）でも、クリプトンとトリチウムの捕集・除去が行なわれることになっていました。

処理建屋が消されてしまった理由は、やはり経済性でしょう。原子力研究所の成果もあくまで実験室レベルであって、実用化にはなお膨大《ぼうだい》な開発費がかかります。経済的に引き合わなければ放射能を減らす努力はしなくてよい、というのが六ヶ所再処理工場の一貫《いっかん》した姿勢です。

Q11 どんな事故が起こりうるのですか?

再処理工場は化学工場であり、核施設でもあり、放射能取り扱い施設でもあります。起こる事故としては、どんなことが考えられますか?

火災、爆発、臨界事故……

再処理工場では、高い放射線レベルのもとで引火性《いんかせい》の高い有機溶媒や濃硝酸を扱うために、火災や爆発事故が起きやすいのが、こわい点です。ロシアのトムスク再処理工場では一九九三年四月六日、ウラン溶液の調整タンクで有機溶媒と硝酸が反応し、発生したガスでタンクが破裂、ガスに引火・爆発して施設が破壊され、周辺数十キロの地域が放射能で汚染されました。

また、プルトニウムが濃い溶液として存在するところから、一九九九年九月三〇日に茨城県東海村のJCOウラン加工工場で起きたような臨界事故《りんかいじこ》も起こりえます。六ヶ所再処理工場のように、いろいろな臨界防止策を組み合わせて、やっと計算上は臨界が抑えられるというのでは、

JCO
正式な社名は「ジェー・シー・オー」。ウランの加工(主にフッ化ウランから酸化ウランへの転換)を行なっていた住友金属鉱山の子会社。一九九九年に臨界事故を起こし、事業許可を取り消されている。

臨界事故
核分裂の連鎖反応が自発的に持続する状態が保たれていることを「臨界」と呼ぶ。原子炉では意図的に臨界にしているわけだが、そうでないところで意図せずに臨界が起こるのが臨界事故である。

それこそ安心できません。

臨界にならないようにするには、プルトニウムやウランが一つところにたくさん集まらなくすればよく、容器の形状や寸法を制限します。しかし、再処理の全工程にわたって形状や寸法を制限するのは、事実上不可能です。そこで、プルトニウムやウランが溶けた液の濃度を十分に低く保つことや、プルトニウムやウランのうちで核分裂性《かくぶんれつせい》のものがどれくらい含まれているか、ウラン、死の灰など、中性子《ちゅうせいし》を吸収してくれるものがどれくらいかということを組み合わせて評価し、管理することにしています。

といっても、再処理では、使用済み燃料が徐々に溶けていきます。さまざまな機器を通って、さまざまな操作が行なわれます。何がどれくらい含まれているかというのは、時々刻々《じじこくこく》に変化しているわけです。それをコンピュータ計算で管理しようというのですから、およそ信頼性は薄いと思います。

ウラルの核惨事

抱え込んでいる放射能の膨大さを考えるなら、原発の大事故と比べてすらケタ違いの放射能災害を引き起こす危険性を秘めているのが、再処理

核分裂性
核分裂しやすいこと。

中性子
電気をもたない微粒子。陽子とともに原子核を構成する。核反応により原子核から飛び出す中性子はエネルギーの大きい高速中性子で、これが他の原子核にぶつかって減速されると熱中性子となる。

工場です。

放射能の大部分は、硝酸溶液の状態で廃液貯蔵タンクに貯め込まれます。放射能は高い熱を出しつづけるので、かきまわして冷却《れいきゃく》をしながらの貯蔵です。この冷却系が故障したら、廃液は沸騰《ふっとう》、水分が蒸発してタンクの底に残った部分の温度はどんどん上がり、大量の放射能が気化しつつ放出される事故ともなります。

フランスのラ・アーグ再処理工場では一九八〇年四月一五日、その一歩手前の事故が起きました。変圧器で火災が発生、工場が全面的に停電して冷却系も能力を失い、高レベル廃液が沸騰しはじめたのです。このときは、シェルブールの海軍基地から予備の電源を運び込み、ようやく難を逃れました。

あるいはまた、一九五七年九月二九日にロシアのチェリヤビンスク再処理施設で起きた廃液の爆発事故のように、冷却系の故障が爆発性の物質をつくり出すかもしれません。

ラ・アーグ再処理工場

「ウラルの核惨事」と呼ばれたこの事故は、廃液貯蔵タンクの冷却用配管で水漏れが起き、廃液の温度が上昇したのが発端《ほったん》です。爆発性の高い物質が表面にできたところに制御装置《せいぎょそうち》のスパークがあって、引火・爆発。吹き上げられた放射能が、東京都や大阪府の面積の半分に相当する一〇〇〇平方キロメートルの広さを人の住めない地域に変えました。

航空機墜落、大地震の危険性

おまけに、六ヶ所村の上空には米軍や自衛隊の軍用機が年間四万回以上も飛び交っています。もしも爆弾を抱えた戦闘機が突っ込んできたら……。それは決して「もしも」の話でなくて、いつ現実に起こってもおかしくないことです。

敷地の直下またはすぐ沖合で巨大地震が発生する危険性は、さらに現実的です。そのことは前出（Q9）の裁判で原告側により次々と新たな証拠が出され、立証されています。浅石紘爾編著『六ヶ所核燃施設を大地震が襲うとき』（創史社、一九九九年）をご参照下さい。

再処理工場の事故史

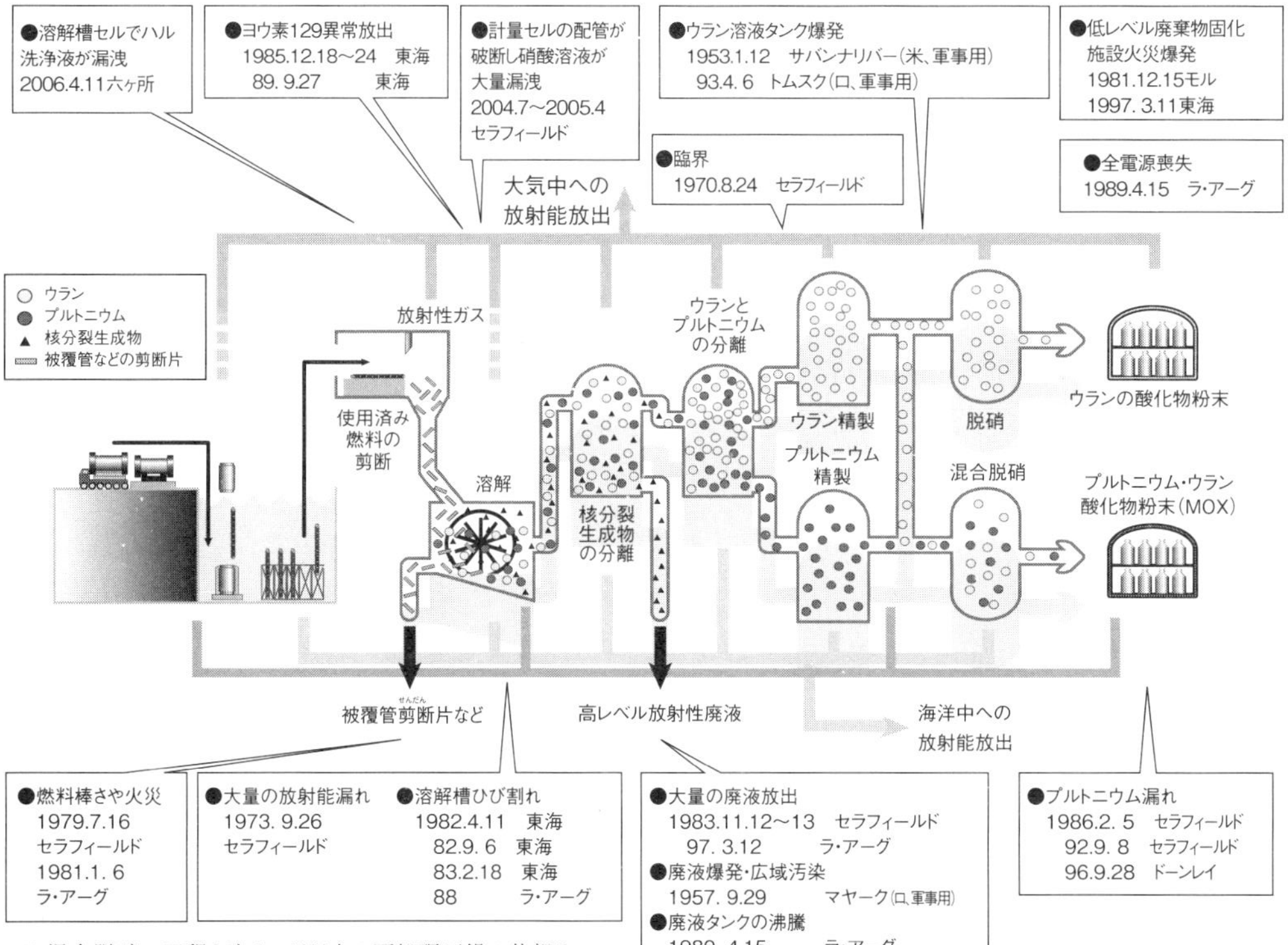

●溶解槽セルでハル洗浄液が漏洩
2006.4.11六ヶ所
●ヨウ素129異常放出
1985.12.18〜24 東海
89. 9.27 東海
●計量セルの配管が破断し硝酸溶液が大量漏洩
2004.7〜2005.4 セラフィールド
●ウラン溶液タンク爆発
1953.1.12 サバンナリバー（米、軍事用）
93.4. 6 トムスク（ロ、軍事用）
●低レベル廃棄物固化施設火災爆発
1981.12.15モル
1997. 3.11東海
●臨界
1970.8.24 セラフィールド
●全電源喪失
1989.4.15 ラ・アーグ
大気中への放射能放出
○ ウラン
● プルトニウム
▲ 核分裂生成物
被覆管などの剪断片
放射性ガス
使用済み燃料の剪断
溶解
核分裂生成物の分離
ウランとプルトニウムの分離
ウラン精製
プルトニウム精製
脱硝
混合脱硝
ウランの酸化物粉末
プルトニウム・ウラン酸化物粉末（MOX）
被覆管剪断《せんだん》片など
高レベル放射性廃液
海洋中への放射能放出
●燃料棒さや火災
1979.7.16 セラフィールド
1981.1. 6 ラ・アーグ
●大量の放射能漏れ
1973. 9.26 セラフィールド
●溶解槽ひび割れ
1982.4.11 東海
82.9. 6 東海
83.2.18 東海
88 ラ・アーグ
●大量の廃液放出
1983.11.12〜13 セラフィールド
97. 3.12 ラ・アーグ
●廃液爆発・広域汚染
1957. 9.29 マヤーク（ロ、軍事用）
●廃液タンクの沸騰
1980. 4.15 ラ・アーグ
●プルトニウム漏れ
1986.2. 5 セラフィールド
92.9. 8 セラフィールド
96.9.28 ドーンレイ

※混合脱硝の工程があるのは日本の再処理工場の仕組み。

原子力資料情報室作成

Q12 大事故が起きたらどれくらいの被害が予想されますか?

仮に大事故が起きるとすると、被害はどこまでひろがり、どれだけ多くの人が犠牲になると考えられるのでしょうか? そんな計算はされているのですか?

ある事故評価例

高木仁三郎《たかぎじんざぶろう》著『核燃料サイクル施設批判』（七つ森書館、一九九一年）では、航空機の墜落《ついらく》あるいは大地震によって廃液一〇〇立方メートルの入ったタンクが破壊された場合の事故評価例が示されています。そうした状況を考えれば「とてもフィルターなどまともに動かないでしょうから、ほんとうは、もっと大量の放射能放出もありうると仮定してよいかもしれませんが」放射能の一パーセントが外部に放出されたという仮定にしました。

地表汚染などによる外部被曝と汚染された飲食物の摂取などによる内部被曝を合わせた被曝量は、きわめて大きなものとなります。雨天の場合では、実に一〇〇キロを超える範囲が緊急避難を要する地域となり、晴天でもほぼ青森県の全域は避難範囲となってしまいます。

チェルノブイリ事故後、非難する人々

高木さんがこの事故評価を行なったときの国の指針（原子力安全委員会原子力発電所等周辺防災対策専門部会「原子力発電所等周辺の防災対策について」）では、一〇ミリシーベルトで乳幼児・児童・妊婦《にんぷ》は自宅等の屋内退避《おくないたいひ》、五〇ミリシーベルトでコンクリート建物への屋内退避または避難、成人は自宅等の屋内退避、一〇〇ミリシーベルトで全員がコンクリート建物への屋内退避または避難とされていました。現行の指針《ししん》では、全員が一〇ミリシーベルトで自宅等の屋内退避、五〇ミリシーベルトでコンクリート建物への屋内退避または避難としています。その点を考慮して、図中の言葉を変えました。

それはともかく、この評価で仮定した条件は、決して極端なものではありません。大事故は起きないとする安全審査の条件のほうが、はるかに現実離れのした極端なものと言えるでし

再処理工場事故の一評価例

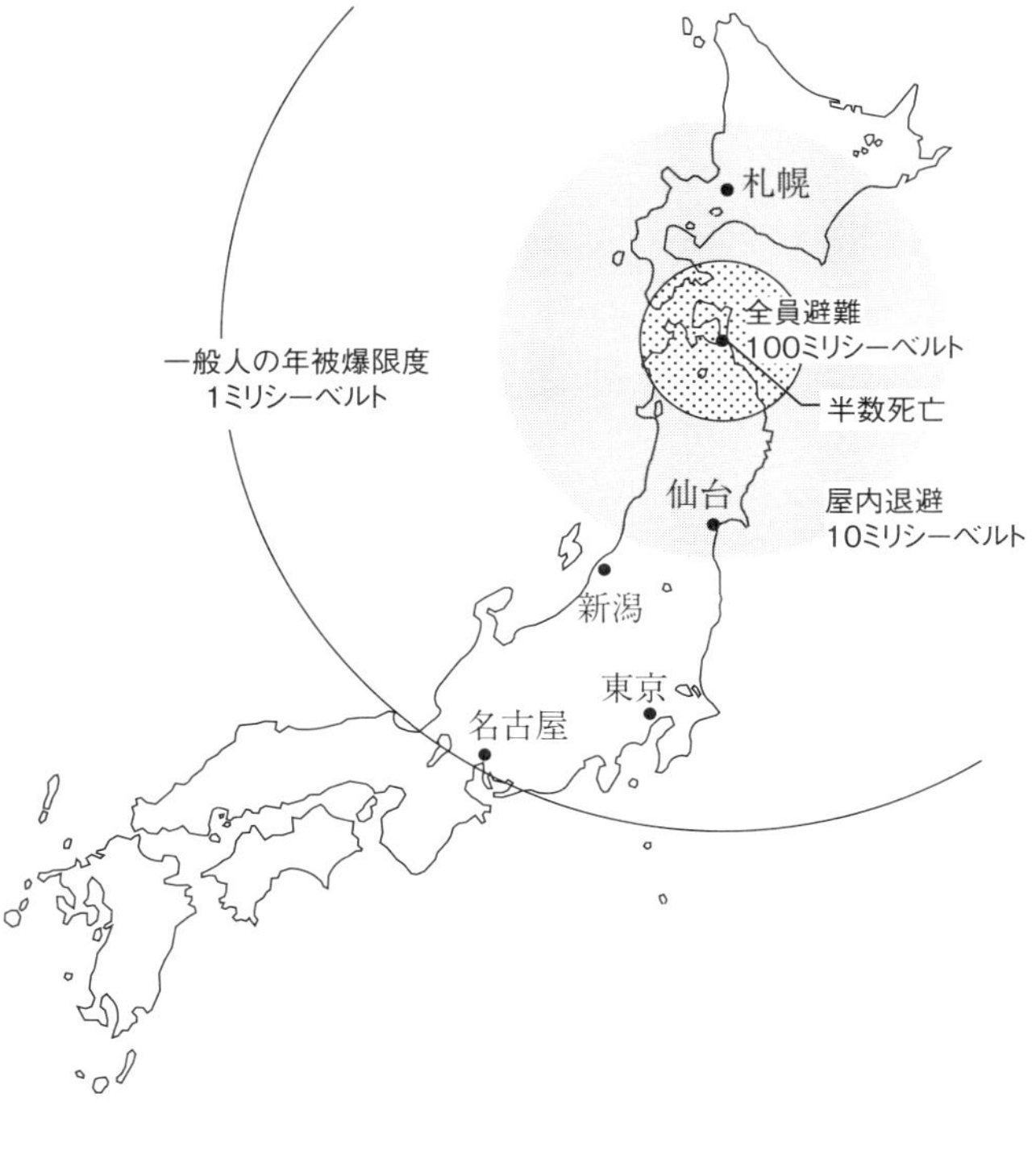

ょう。

六ヶ所炎上

より新しい事故評価例としては、ルポライターの明石昇二郎《あかししょうじろう》さんが『週刊金曜日』の二〇〇六年六月九日号から二三日号まで三回の集中連載を行なった事故シュミレーション「核燃施設六ヶ所炎上」があります。

事故発生のシナリオは

(1) 二〇〇X年Y月、秘密裏《ひみつり》に三沢に飛来していたF15Eストライクイーグルが、「バンカーバスター」を抱えたまま、六ヶ所再処理工場の使用済み燃料プールに突っ込み、爆発・炎上。

(2) 戦闘機と爆弾の爆発により、燃料プールにあった三〇〇〇トンの使用済み燃料のうち、五%が施設外に飛び散る。

(3) 五%分の燃料に含まれていた希《き》ガスは、直後に全量放出。

(4) 使用済み燃料が冷却できなくなり、溶け出す。半日ごとに一〇%の燃料が溶けていき、そのつど希ガスは全量放出。

(5) 現場に近づけず、環境中に数週間にわたって放射能が漏れ続ける。

という想定で、京都大学原子炉実験所の助手だった故・瀬尾健《せおけん》さんに

F15Eストライクイーグル
アメリカの戦術戦闘機。「ストライクイーグル」は通称。

バンカーバスター
レーダー誘導装置のついた地中貫通核爆弾。

希ガス
大気中に存在する量が非常に少ない気体元素。ヘリウム、ネオン、アルゴン、クリプトン、キセノン、ラドンの六種をいう。

急性障害
放射線に被曝してから比較的短時間で現われる障害。

よる「原発事故災害評価プログラム」に小出裕章《こいでひろあき》同実験所助手が手を加えたプログラムにもとづく災害評価が示されています。そこでは、放射能の放出は、(1)から(3)までの事故後三〇分間（第一期）と、その後の(4)(5)の四日間（第二期）とし、第一期では風は一定の方向に、第二期ではあちこちに吹くと考えました。

汚染地は関東にまで及び、事故発生から七日後に避難できたとして最大で一万二〇〇〇人が急性障害《きゅうせいしょうがい》で死亡、一九〇万人が後にがん死する、というのが評価結果です。急性障害は、六ヶ所村に集中しています。

放射線の人体への影響

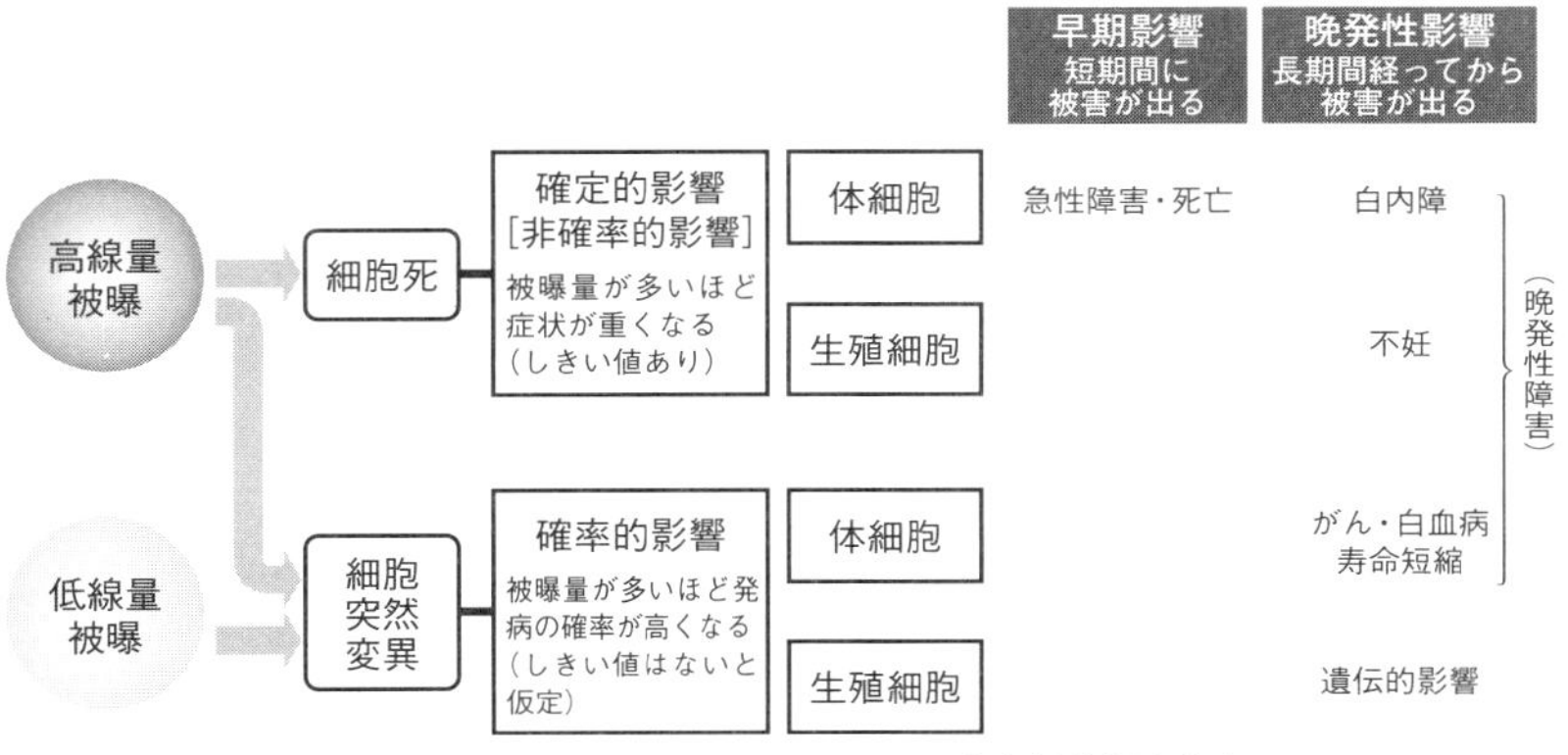

原子力資料情報室作成

プロブレムQ&A

Ⅳ

再処理と核拡散

Q13 再処理から核兵器が生まれるとはどういうことですか?

再処理が核兵器の拡散につながると言われます。それは、なぜなのですか? 核兵器をつくるのに、再処理はどんな役割を果たすのですか?

核兵器とは

核兵器には、水素爆弾《すいそばくだん》（水爆）と原子爆弾《げんしばくだん》（原爆）があります。水爆の中には原爆が組み込まれていて、まず原爆を核分裂反応で爆発させ、その熱で水爆の核融合反応《かくゆうごうはんのう》を起こさせます。そしてさらにもう一回、水爆部分のまわりをつつむウランを核分裂させることで破壊力を高めたものが、現在の水爆となります。水爆の「燃料」は水素（重水素《じゅうすいそ》とトリチウム＝三重水素《さんじゅうすいそ》）ですが、重水素とリチウムの化合物である重水素化リチウムが安くて大量生産ができるので、これが使われています。原爆の核分裂で飛び出す中性子とリチウムの反応で、トリチウムが生まれます。原爆の「燃料」としては高濃縮ウランあるいはプルトニウムが使われます。

重水素やリチウムは他の用途もあって取扱量は少なくありません。重

爆縮型原爆の構造

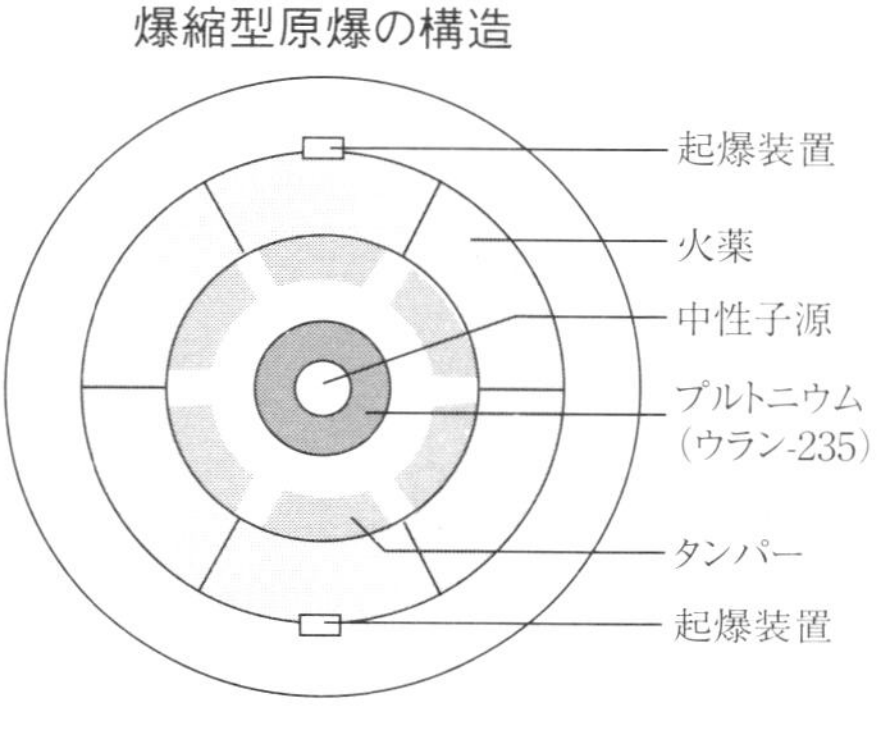

水素や重水その他の化合物、重水製造装置には輸出規制がありますが、厳密な管理は不可能です。そこで核拡散防止《かくかくさんぼうし》としては、高濃縮ウランとプルトニウムを規制して原爆がつくれないようにすれば水爆もつくれない、と考えるわけです。

高濃縮ウランはウランの濃縮を繰り返すことで、またプルトニウムは原子炉で燃やされた後の燃料を再処理することで手に入れることができます。再処理から核兵器が生まれるわけです。そのため再処理工場の建設にあたっては、核兵器の製造につながらないよう、厳重《げんじゅう》な審査が必要だとされています。

ところが実際には、どんなに厳重な審査をして工場をつくっても核拡散は防げません。その上、審査自体も厳重とはほど遠いのが実態です。

平和利用に関する審査

二〇〇三年一〇月に原子力資料情報室が原子力委員会に資料提出を求め、二〇〇五年八月にようやく提出された資料があります。科学技術庁が再処理事業の指定のための一次審査を終え、平和利用の担保や経済性などについての二次審査を内閣総理大臣《ないかくそうりだいじん》が原子力委員会に諮問《しもん》した際に

水素爆弾の構造（H・モーランドによる）

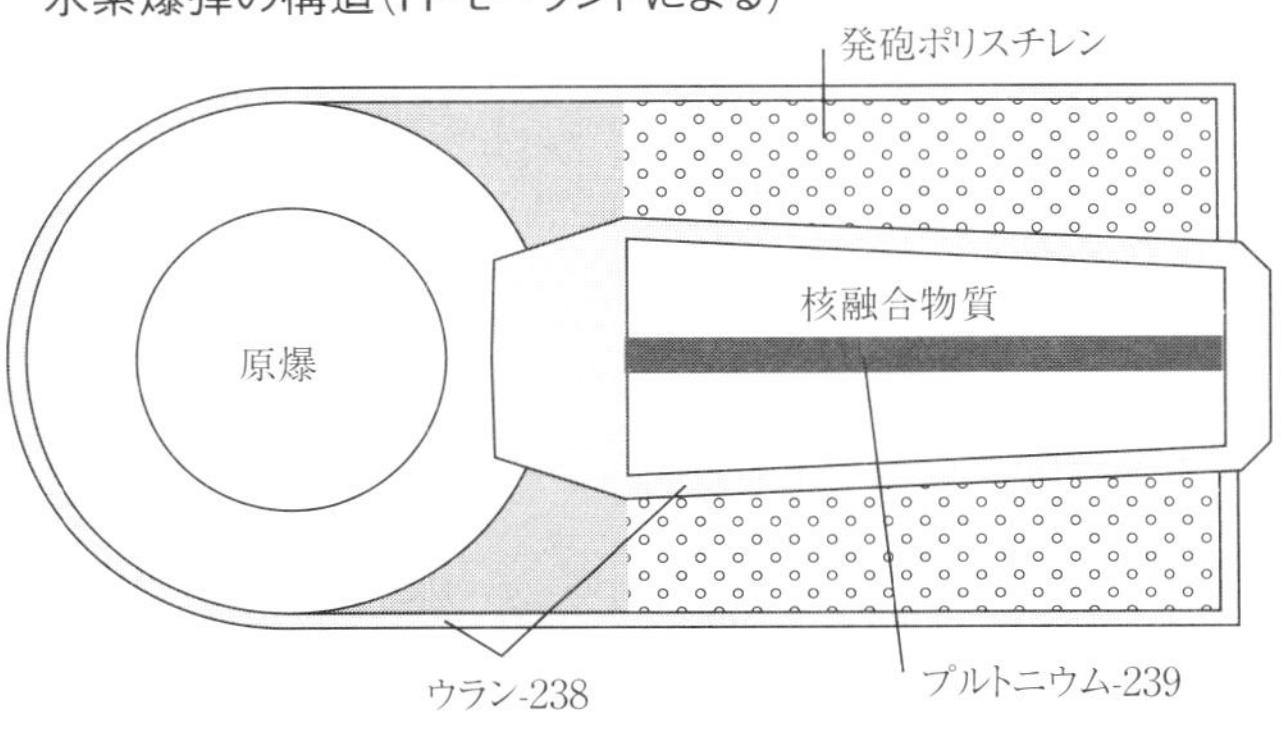

付された科学技術庁の審査結果です。

資料には、こうありました。「本件事業を行う日本原燃サービス株式会社は、国内の原子力発電所から生ずる使用済燃料の再処理役務《えきむ》を行うことを主要な事業目的としており、原子力基本法にのっとり、『原子力開発利用長期計画』（昭和六二年六月原子力委員会決定）に従い、厳に平和利用に限り再処理事業を行うとしている。以上のことから本件の再処理施設は、平和の目的以外に利用されるおそれがないものと認める」（一九八一年八月二二日、内閣総理大臣から原子力委員会への諮問「別紙」）。

申請者が「厳に平和利用に限り再処理事業を行う」と言っているから「平和の目的以外に利用されるおそれがないものと認める」というのでは、およそ審査の名に値しないでしょう。そして原子力委員会の二次審査の結果は、原子炉等規制法《げんしろとうきせいほう》に「規定する基準の適用については妥当《だとう》なものと認める」（一九九二年一二月一五日、原子力委員会答申《とうしん》）というだけ。何の根拠も書かれていないものでした。Q16に見るように、プルトニウムの利用について電力業界に確認を求めたりもしているとはいえ、平和利用に関する審査は形式的なものに過ぎず、事実上は無審査だったのです。

ビキニ第二回水爆実験

原子炉等規制法

正式名称は「核原料物質、核燃料物質及び原子炉の規制に関する法律」。核原料物質とは、ウラン鉱石やトリウム鉱石などのこと。また、核燃料物質とは、鉱石から取り出されたウランやトリウム、あるいはプルトニウムおよびそれらを含む物質をいう。

Q14 再処理工場でプルトニウムが行方不明になるのですか？

再処理工場では大量のプルトニウムが行方不明になってしまうそうですが、それで核兵器をつくれるような量なのでしょうか？

計量能力に疑問

核物質管理学会日本支部《かくぶつしつかんりがっかいにほんしぶ》の萩野谷徹《はぎのやとおる》前支部長（元核物質管理センター専務理事・IAEA保障措置実施委員会委員《ほしょうそちじっしいいんかいいいん》）は、率直に次のような疑問を投げかけていました。

「六ヶ所再処理工場の保障措置についての発表は多々あるが、『計量検認《けいりょうけんにん》ゴール』の量的な説明が何もなされていないので、果たしてこの再処理工場で年間八kgのプルトニウムが行方不明になった場合に、IAEAの保障措置当局《ほしょうそちとうきょく》がそれを探知できるのかが気にかかる」。

「保障措置の最大の技術的目標は『有意量の転用の適時の探知』であるが、六ヶ所再処理工場でも『有意量の転用の適時の探知』が可能であるとの論文は残念ながら見たことがない。IAEAや日本の保障措置関係者に聞

核物質管理センター
核物質の盗難や強奪、あるいは核兵器への転用が行なわれないよう核物質を管理することを目的として設立された財団法人。

IAEA
国際原子力機関。原子力利用の推進と核拡散の防止のため、国際連合によってつくられた政府間機関。

保障措置
核物質や原子力施設、それらに関する情報などが軍事目的に利用されないことを確保するための措置。

いてもはっきりした答えは返ってこない」（『第二二回核物質管理学会日本支部年次大会論文集』）。

ここで「有意量」とは、核爆発装置一個を製造するのに必要なおよその量で、製造の過程でのロスも含むとされています。プルトニウムについては八キログラムが有意量です。また、「適時に」とは、核爆発装置の金属構成要素への転用を防ぐ措置を講じられるだけの時間的余裕を言います。

萩野谷徹前支部長は、年間に約八トンのプルトニウムを扱う六ヶ所再処理工場では、探知精度《たんちせいど》の格段の向上を見込んでも、「計量能力の期待値」が年間五〇キログラムに達するとしました。

実際には機器に付着したり放射性廃棄物に混入したりしているとしても、外部に持ち出されていないとの確認はできない「不明物質量」の計量能力です。

日本原燃再処理事業部核物質管理部《かくぶつしつかんりぶ》の中村仁宣《なかむらひろのぶ》さんたちは、二〇〜三〇キログラム程度としています（『第二五回核物質管理学会日本支部年次大会論文集』）が、それはいささか理想論に過ぎるようです。いずれにせよ八キログラムを大きく超えることに違いはありません。

八キログラム

プルトニウムの量は、全プルトニウム量でいう場合と、核分裂性プルトニウム（プルトニウム―二三九、二四一）の量でいう場合がある。核分裂性プルトニウムの量は、全プルトニウム量の七〇パーセント程度となる。本書では、特にことわらない限り、全プルトニウム量で記述している。

金属構成要素

核兵器を構成するのに使用可能な金属プルトニウムや金属ウラン。

不明物質量

ＭＵＦ（マフ）の略語で知られる英語の和訳。核物質管理センターでは「在庫差」と〝意訳〟している。

東海再処理工場の実績

東海再処理工場でプルトニウムの行方不明量の累積が二〇〇キログラムに達したと問題になったのは、二〇〇三年一月のことでした。同月二八日、文部科学省《もんぶかがくしょう》から原子力委員会に報告されたのです。調査の結果、不明量は六〇キログラムになった、と四月一日、文部科学省は最終報告を行ないました。

東海再処理工場では、一九七七年に試運転を開始してから二〇〇二年九月までに約一〇〇〇トンの使用済み燃料を処理し、七〇〇〇キログラムのプルトニウムを回収しました。その間の不明量の累計《るいけい》が当初二〇〇キログラムと発表され、そのうち一五〇キログラムは、比較的寿命の短いプルトニウムがアメリシウムという別の放射能に変わってしまったり、廃液に流入していたりしていると推定されたと説明を付けて、行方不明量を減らしたというわけです。

保障措置では不明量を累計で管理することはないのですが、それにしても七〇〇〇キログラムに対して六〇キログラムというのは、きわめて大きな数字と言えます。六ヶ所再処理工場では年間のプルトニウム回収

アメリシウム
原子番号九五の元素。プルトニウムのうちプルトニウム-241は、一四・四年の半減期でアメリシウム-241（半減期四三二年）に変わる。

計画量が八〇〇〇キログラムなのですから。

年度ごとに見るなら、使用済み燃料の処理量が増えるとプルトニウムの不明量も増えるというのが東海工場の実績の示すところです。六ケ所工場では東海工場の約六倍の処理量となります。また、よく燃やした使用済み燃料を処理します（Q８）。それだけ放射能が溶け残ることになり、廃液への流入量が増えて、行方不明量の評価はいっそう難しくなります。

Q15 軍事転用を防ぐしくみは万全なのですか？

再処理工場では、きちんと監視をして軍事転用ができないようになっているのではありませんか？　そのしくみは有効ではないのでしょうか？

未経験の保障措置

六ヶ所再処理工場は、設計上、年間八トンのプルトニウムを取り出す能力があります。前述のように（Q７）、きわめて多くの、かつ複雑な機器をもち、総延長約一五〇〇キロメートルの配管をはりめぐらした三五もの建物から成り立っています。大量のプルトニウムを時に液体、時に粉体《ふんたい》で、かつ連続運転で扱います。このため、保障措置は困難をきわめます。また、ほとんどの機器は、重たい放射線しゃへいで囲まれることになり、工場の操業が開始されるしばらく前にアクセス不能となります。

ＩＡＥＡにも、大量のプルトニウムを扱う工場の保障措置の経験は、まったくありません。イギリスやフランスの再処理工場は、核兵器国の施設のため、ＩＡＥＡによる保障措置が行なわれていないのです。

放射線しゃへい
　放射線を吸収して人体への影響を低減するための障害物。特殊コンクリートなどがつかわれる。

そうした大型の再処理工場に保障措置を適用する最初のケースが六ケ所再処理工場ということになります。そこで、一九八八年から九二年にかけてＬＡＳＣＡＲ《ラスカー》（大型再処理工場保障措置検討会合）と呼ばれる、当事者の日本原燃や日本政府もふくめた多国家間のフォーラムが、日本政府がＩＡＥＡに対し特別拠出金《とくべつきょしゅつきん》を提供して設けられました。一九九二年にＩＡＥＡがまとめた報告書は、「ＬＡＳＣＡＲの参加者は、工場の特徴に応じて選ばれた技術の組み合わせが、ＬＡＳＣＡＲにおいて検討された大型再処理工場における効果的な保障措置の成功的実行を可能にすると結論した」としています。

しかしながら現実的な適用は、ＬＡＳＣＡＲの結論ほど甘くはなさそうです。ＩＡＥＡのスタッフも、「ＬＡＳＣＡＲは大きな成功を収めたが、その勧告を新しい大型プラントにおける特定の実用のアレンジメントに適用するにはかなりの努力が求められる」とし、「特に大型の再処理施設では、現存の検証機器や手続きは不十分かも不適当かもおよそ効果的でないかもしれない」と述べています（THOMAS SHEA,et. al.,Safeguarding Reprocessing Plants:Principles,Past Experience,Current Practice and Future Trends,Journal of Nuclear Materials Management,July,1993）。

「ストップ・ロッカショ」

二〇〇五年五月、ＮＰＴ再検討会議の場でも「ストップ・ロッカショ」が訴えられた。

検証機器

物質の真の数量を確定するのに用いられる機器。

そこで、核物質の計量管理や、その補完的手段としての監視カメラといった従来の保障措置手法に加え、追加的保障措置手段を適用するというのですが、そうした追加的手段も、「行方不明となる量」そのものを減らせるわけではなく、複雑な計算に依拠《いきょ》することなどからさまざまな不確かさがあり、想定外の箇所にプルトニウムが飛散《ひさん》・蓄積するような場合の対策にも欠けます。未だ十分な対策は立っていないのが実情です。

たとえばプルトニウム在庫量測定システム（ＰＩＭＳ）について、日本原燃再処理事業部核物質管理部の野口佳彦《のぐちよしひこ》さんたちもこう述べています

「課題としては、

(1) 定量性能及び不確かさの評価

(2) モニタリング性能の確立（運転状態及び工程からの核物質抜き取りの監視）

(3) 補正項《ほせいこう》（湿度等）の最適化

(4) 想定外の箇所にＰｕが蓄積した場合の対策

等が挙げられ、性能確認試験及び運転開始後初期において検討及び対策を行っていく必要がある」（『第二五回核物質管理学会日本支部年次大会論文集』）。

PIMS

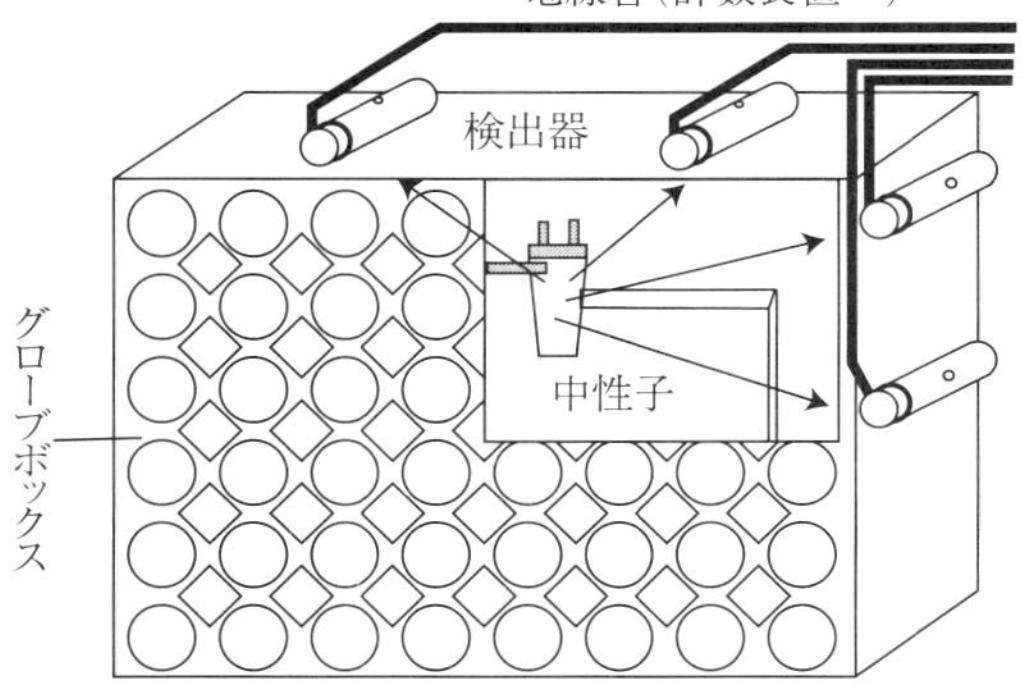

Pu

プルトニウムの元素記号。

運転の開始後にきっと対策が立てられると、信じることはできるでしょうか。

オンサイトラボと混合抽出

六ヶ所保障措置分析所（オンサイトラボ）と混合抽出《こんごうちゅうしゅつ》についても触れておきましょう。

「オンサイトラボ（ＯＳＬ）」とは、文字通り保障措置の対象施設内に置かれた分析所です。六ヶ所再処理工場では、分析建屋の一角に設置されています。世界で初めての、国（運営は財団法人・核物質管理センター）とＩＡＥＡの共同利用による分析所です。

オンサイトラボは、確かに遠隔地への立地という大型再処理工場の保障措置の課題の一つを解決し得るものでしょう。しかし、共同利用の性格上、ＩＡＥＡ査察官側《ささつかんがわ》の検認《けんにん》の独立性をどう確保できるかは、さほど簡単ではありません。「ＩＡＥＡがすべて掌握《しょうあく》している」などというものでないことは確かでしょう。

六ヶ所再処理工場では、プルトニウムを単体では取り出さず、ウランとの混合粉末が製品となるので、すぐには核兵器に転用できないといわ

分析所

原子力施設などで採取された試料を分析する施設。

検認

核物質が核兵器に転用されていないと確認すること。

れます。この混合抽出という方法は、東海再処理工場の試運転入りを前にした日米原子力交渉でアメリカから要求され、本格運転から採用されたものです。当時は「ビールをつくるつもりでつくった機械からサイダーをつくれと言っているようなものだ」と宇野宗佑《うのそうすけ》科学技術庁長官・原子力委員長が猛反発《もうはんぱつ》した（核燃料サイクル問題研究会編『資源小国日本の挑戦』日刊工業新聞社、一九七八年）そうですが、いつの間にやら自慢気《じまんげ》に語られるようになりました。

二〇〇六年一〇月二七日の「定例社長記者懇談会《こんだんかい》」でも、兒島伊佐美日本原燃社長が「六ヶ所再処理工場の最大の特長は、わが国独自の『混合脱《こんごうだつ》硝《しょう》』という核不拡散技術を持っていることです」とあいさつをしています。

しかし、プルトニウムとウランの分離は比較的容易です。現にＩＡＥＡでは、核拡散の危険性を考えるとき、プルトニウムとウランの混合物はプルトニウム単体と同等と規定しています。「核爆発装置の金属構成要素に転換するのに必要な時間」が、混合物では三週間に近く、単体なら一週間に近いという程度の違いなのです。

日米原子力交渉
東海再処理工場の運転開始をめぐって一九七七年に行なわれた日米の交渉。

混合脱硝
硝酸に溶けたプルトニウムとウランを混ぜあわせた上で、硝酸を除去すること。製品としてプルトニウムとウランの混合酸化物（ＭＯＸ）ができる。

Q16 プルトニウムを貯めておいてはなぜいけないのですか?

余ったプルトニウムは、使える時がくるまでしっかり管理していればよいのではありませんか? それではだめだという理由はなんですか?

貯まるプルトニウム

日本はすでに二〇〇五年末現在で、四四トンのプルトニウムを保有しています。とはいえ、そのうち三八トンはイギリスとフランスの再処理工場に委託《いたく》して取り出してもらったもので、両国内に貯蔵《ちょぞう》されているのです。日本が自由に核兵器に転用することはできません。日本国内に保有しているのとは、保有の意味が違うと言えるでしょう。

六ヶ所再処理工場を動かせば、日本の国内にプルトニウムが貯まってくることになります。同工場がフル操業に入ると、一年間に約八トン（核兵器約一〇〇〇発分）が取り出されるのです。

一九九二年一二月二四日に内閣総理大臣が六ヶ所再処理工場の建設を許可するに際して、平和以外の目的に利用されないことを審査した原子

六ヶ所再処理工場のプルトニウム回収計画

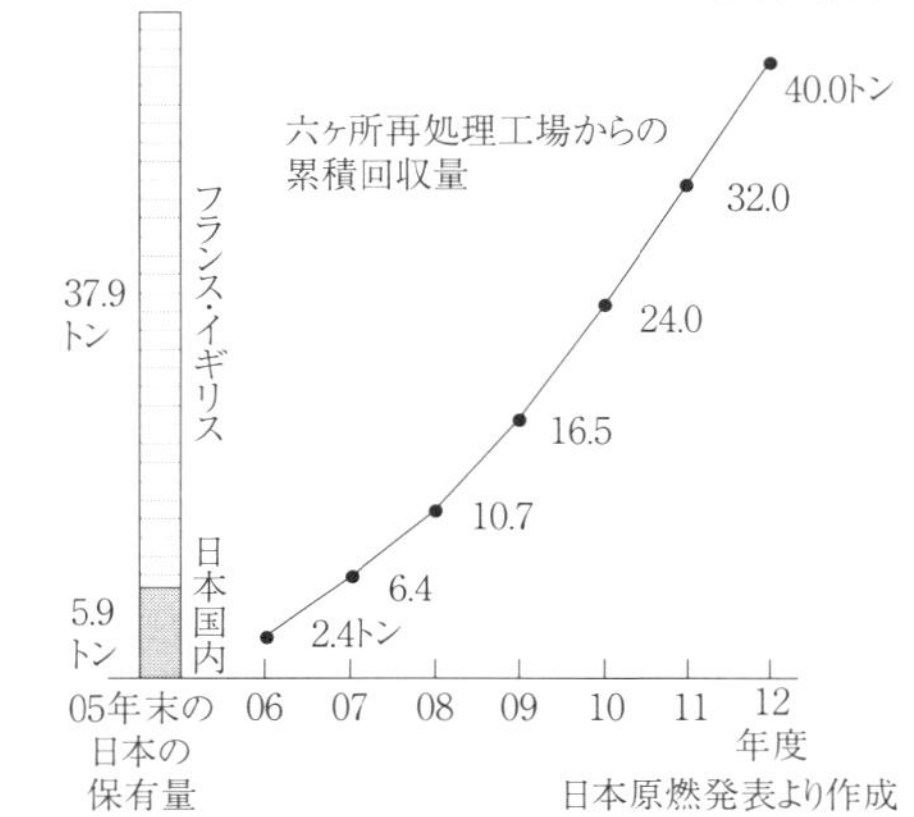

日本原燃発表より作成

力委員会は、電力業界に「返還プルトニウムのうち五〇トンに及ぶ軽水炉《けいすいろ》での利用を着実に実行すること、ATR（新型転換炉）大間、FBR（高速増殖炉）実証炉の建設が着実に進捗《しんちょく》すること」などを確認させました（一九九二年一二月一六日付『電力時事通信』）。

返還《へんかん》プルトニウムというのは、フランス、イギリスの再処理工場に委託をして再処理をしてもらった分のプルトニウムです。軽水炉での利用（プルサーマル）の燃料として返還されてくるのですが、「着実に」どころか、一〇年以上も経つのにプルサーマルはまったく実行されていません。

青森県大間《おおま》町に建設される計画だったATR（新型転換炉《てんかんろ》）実証炉《じつしょうろ》は、一九九五年七月一一日、電気事業連合会が計画中止を国に要請、翌八月二五日に原子力委員会が中止を決定しました。現在は全炉心《ろしん》にプルトニウム燃料を入れてプルサーマルを行なう大間原発の建設が計画されていますが、運転開始は二〇一二年三月の予定（毎年のように延期）です。

FBR（高速増殖炉）実証炉の建設計画も、一九九五年一二月八日の「もんじゅ」事故により白紙に戻されました。「着実に進捗すること」は、ありませんでした。

そもそもプルトニウムを利用すること自体が危険であり、使うべきで

軽水炉
原子炉の冷却と中性子の減速に軽水（ふつうの水）を用いる原子炉。現存の日本の原発は、すべて軽水炉である。

新型転換炉
プルトニウムを燃料とし、増殖まではしないが、軽水炉より多くのプルトニウムを生み出すタイプの原子炉。日本が独自に開発したものだが、実用化には至らなかった。

はないのですが、利用計画が総崩れとなって、プルトニウムの蓄積《ちくせき》量は増えつづけ、六ヶ所再処理工場が本格的に動き出せば、さらにどんどん貯まっていくことになります。

二〇〇〇年九月二七日に開かれた原子力委員会長期計画策定会議の「ご意見を聞く会」に招かれた際、当時の六ヶ所再処理工場の運転開始予定だった二〇〇五年までに、「いま現在持っているプルトニウムの余剰はどれくらい減ると考えているのか」と質問しました。それに対して、策定会議側の近藤駿介委員とか鈴木篤之《すずきあつゆき》委員とかからは、ついに答が返ってきませんでした。「プルトニウムについては、ランニングストックというものが必要ですから」みたいな話にしかならないのです。

六ヶ所工場を見る世界の目

前述のようにプルトニウムは、原爆の材料です。また、放射能毒性がきわめて強いため、「汚い爆弾」ともなります。水源に投げ込むなど、悪用の道はいくらでもあります。悪用すると脅して何らかの要求を押し通すことも可能です。

核兵器一〇〇〇発分のプルトニウムを毎年取り出した上で、むりやり

実証炉
原子炉の開発段階の一つで、実験炉、原型炉につづくもの。実用炉の手前で、技術の実証と経済性の見通しを確立するために建設される。

近藤駿介
現・原子力委員長

鈴木篤之
現・原子力安全委員長

ランニングストック
運転在庫。核燃料サイクルをまわすには、工程の途中にあるものなど、ある程度余分なプルトニウムの量が必要になるとの意でつかわれる。

放射能毒性
放射能の内部被曝によってもたらされる有害性

汚い爆弾
ダーティ・ボム。放射性物質などを詰めた爆弾。

使いみちをつくろうというのが、六ヶ所再処理工場の計画です。そんな工場を強引に操業させようとすることに、世界の目が厳しくなるのは当然でしょう。また、日本で再処理ができるなら、他の国の再処理が許されない道理はないことになります。六ヶ所再処理工場を動かすことは、他の国にも再処理という核兵器への抜け道をひろげていく役割を果たすのです。

プルトニウムを廃棄物として管理する方法の例

- ガラス固体化にして、高レベル廃棄物と一緒に管理する。
  - 高レベル廃棄物と混ぜてガラス固化をする。
  - 缶に焼き固めたプルトニウムを、ガラス固化体の中に閉じこめる。(缶・イン・キャニスター)
- 燃料の形にして使用済み燃料と一緒に管理する。
  (原子炉で使用するものでないので、厳密な品質管理は必要でない)

プロブレムQ&A

V

海外の再処理工場

Q17 イギリスやフランスの再処理工場の汚染はそんなにひどいのですか？

イギリスやフランスの再処理工場の周辺の海は放射能で汚れきっているとの報道を見聞きします。実態はどうなのでしょうか？

子どもたちの白血病が多発

一九九〇年二月、イギリスの医学専門誌『ブリティッシュ・メディカル・ジャーナル』の同月一七日号に衝撃的《しょうげきてき》な論文が発表されました。保健省からの依頼でセラフィールド再処理工場周辺の小児白血病《しょうにはっけつびょう》の多発についての検討を行なっていたサザンプトン大学のM・J・ガードナー教授（後出ブラック委員会のメンバー）らが、子どもたちの白血病の原因は再処理工場で働いていた父親の放射線被曝だとする研究結果を明らかにしたのです。工場の安全管理者が二月二一日の記者会見で「心配なら子どもをつくるな」と発言したことから、衝撃はさらに深まりました。

セラフィールド再処理工場は、イングランド北部の湖水《こすい》地方にあります。美しい自然にめぐまれたそのあたりは有名な観光地です。ピーター・

小児白血病
子どもがかかる白血病。医療設備の整ったところでは治癒率は高いとされるが、放射線被曝の影響で治りにくい種類の白血病が増えたという。

ラビットの童話《どうわ》を書いたベアトリクス・ポッターも、この地方の自然を愛し、そこに住みつきました。ところが、彼女の死後まもなくつくられたのが、原子炉と、そこで燃やされた燃料からプルトニウムを取り出す再処理工場でした。

再処理工場のまわりで子どもたちの白血病が異常に多いということが最初に大きく問題になったのは、一九八三年二月一日。地元のテレビ局が放送した特別番組がきっかけです。全国平均の一〇倍も小児白血病が多発しているというのが、報道の内容でした。

問題を重視したイギリス政府は、すぐにダグラス・ブラック卿を委員長とする調査委員会（ブラック委員会）をつくって、八四年七月に調査結果をまとめました。工場から出される放射能では、そんなに小児白血病が発生するはずがない、というものです。しかし、実際に小児白血病が多発している事実は、委員会の調査でも確認されました。

そこでさらに検討を加えるため、COMARE（環境放射能の医学的側面に関する委員会）が改めてつくられます。第一次の報告は八六年四月に発表され、改定版として第四次の報告が一九九六年三月二七日に発表されていますが、結論はブラック委員会と変わりません。

放射線防護庁でも調査を行ない、八八年一月にやはり同じ結論を出しています。小児白血病は多発しているけれど、原因は放射能ではないというのです。でも、それでは何が原因かというと、それはわからないというのですから、無責任な話です。

世界最大の放射能ごみの発生源

ガードナー教授らの研究は、それまでの調査に対して、厳密なデータで被曝の影響を説明するものでした。ただし、その結論をめぐっては、論争がつづいています。父親の被曝だけが原因と考えてよいのか、日常的に大量に放出されている放射能で汚れた浜辺で子どもたちは遊んでいて、自身で被曝したのではないか——といった疑問の声もあります。この海辺では一九八三年一一月一二日〜一三日、放出された放射能で汚れた海草が海岸に打ち上げられ、四〇キロにもわたって海岸線が閉鎖されたことさえあるのです。

放射能漏れはその後もつづき、英下院の超党派で構成する環境問題委員会は一九八六年三月一二日、二年以上におよぶ調査活動の報告書を発表しました。報告書は、セラフィールド工場を「世界最大の放射能ごみの発

ラ・アーグ付近の汚染された海

生源」と呼び、この工場の操業によってアイリッシュ海は「世界で最も放射能の高い海域」となっている、と述べています。

同工場から排出された放射能の影響は、スウェーデンで採れた魚にまでおよび、工場周辺の動物の内臓《ないぞう》には異常に高い放射能の蓄積《ちくせき》が見られた——として報告書は、再処理政策の根本的な見直しを提起《ていき》したのです。

だれも否定できないのは、現に再処理工場の周辺で小児白血病が多発したことです。セラフィールド再処理工場のほかにもう一つ、イギリスにはドンレイというところに高速増殖炉の使用済み燃料用の再処理工場がありましたが、その周辺でも一〇倍高い小児白血病の発生が、ＣＯＭＡＲＥの第二次報告（一九八八年六月）で確認されています。

フランスのラ・アーグ再処理工場では、通常の三倍の小児白血病が観察されたと、一九九五年に発表されました。詳しくは澤井正子「ラ・アーグ再処理工場周辺の放射能汚染」（緑風出版編集部編『核燃料サイクルの黄昏』緑風出版、一九九八年）をお読みください。

日本政府の見方

日本では茨城県東海村に小さな再処理工場があり、青森県六ヶ所村で

『核燃料サイクルの黄昏』

大きな工場が試運転中です。「日本の再処理工場の周辺でも影響が出るのでは？」という心配に、原子力安全委員会は一九八九年版の『原子力安全白書』のなかで二つの答え方をしています。一つは、被曝が原因だと証明はされていないと無責任に否定すること。もちろん、それでは何が原因かの答はありません。

そしてもう一つは、一九七〇年代のセラフィールド再処理工場からの放射能放出量は東海再処理工場の放出量の数十万倍だなどという説明です。ラ・アーグ再処理工場についても、同様のことが言われます。

東海再処理工場の放出放射能がそれらの工場の放出量より小さいのは確かでしょう。そのセラフィールド再処理工場やラ・アーグ再処理工場に、日本の電力会社は原発の使用済み燃料を送って再処理をしてもらっていました。日本政府も、それでよしとしていました。

でも、自分の国にある工場の何十万倍もの放射能を出している工場だと知りながら再処理をしてもらっていたなんて、許されることでしょうか。自慢のように、うちでは少ししか放射能を出していないなんて言えることではないはずです。

なお、英仏どちらの再処理工場でも、一九八〇年代、九〇年代と、放射能放出量の低減化《ていげんか》を余儀《よぎ》なくされ、公式見解では小児白血病の発症も見られなくなったとされています。

Q18 ドイツなどの再処理工場建設はなぜ中止されたのですか？

ドイツやアメリカでは再処理工場の建設が中止されています。どんな理由があったのですか？　その理由は日本にはあてはまらないものなのでしょうか？

反対運動と経済性を理由に

ドイツでバッカースドルフ再処理工場の建設工事が中止されたのは一九八九年五月のことでした。同月三一日、反対運動と経済性を理由に、事業主体であるＤＷＫ社が中止を決定したのです。

同再処理工場の建設は、当初から強い反対運動にさらされてきました。一九八八年一月二九日には地元の農民が起こした建設差し止め訴訟で、ミュンヘン地方行政裁判所が建設計画を無効とする判決を下しており、計画を練り直しても最終的に勝てる保証はありませんでした。

建設費は、想定《そうてい》の二倍の一〇〇億マルク（約七〇〇〇億円）にも三倍の一五〇億マルク（一兆円以上）にも達しそうというのが、断念《だんねん》の理由となりました。完成時の再処理価格は、使用済み燃料一トン当たり四〇〇万

ＤＷＫ社　ドイツ核燃料再処理施設運転会社。

マルク（約二億八〇〇〇万円）で、フランスやイギリスが新規契約の価格として提示した額の三倍前後になるというのです。

フランスやイギリスよりドイツのほうが高コストになるのは理由があって、クリプトンやトリチウムを垂れ流しにせず、捕集《ほしゅう》・除去《じょきょ》するほか、どの放射能についてもはるかに小さな放出量とする設計にしたからです。それも、強い反対運動のためと言えます。

日本の六ヶ所工場では、クリプトンやトリチウムを垂《た》れ流しにした上で、バッカースドルフ工場より高コストになっています（→Q21）が、それでも建設中止にできないのは、事業者が主体的に判断できない「日本的しくみ」のためでしょう。

ともあれ、建設は中止されました。その後の様子を記録した映画『第八の戒律《かいりつ》』（ベルトラム・フェアハーク＋クラウス・シュトリーゲル監督、一九九一年）を見ていて、工場を取り巻いていた鉄柵《てっさく》が焼き切られ、外されていく場面には感無量でした。再処理工場がなくなれば、鉄柵も武装警備隊《ぶそうけいびたい》も要らないのです。

再処理工場予定地は自動車部品の工場などに衣更えされているそうです。当初は太陽電池の工場になるという話もあったのですが、残念ながら

映画『第八の戒律《かいりつ》』のチラシ

立ち消えとなりました。

アメリカの再処理工場と核不拡散政策

アメリカの再処理工場は、一般的にはカーター大統領の核不拡散《かくふかくさん》政策によって中止に追い込まれた、と言われています。同大統領は一九七七年四月七日、商業用再処理の無期限凍結《とうけつ》をふくむ新原子力政策を発表しました。

日本電気協会新聞部発行の『原子力ポケットブック』二〇〇六年版では、各工場について次のように説明されています。

ウエストバレー：一九七二年運転中止。拡張改良工事のため許可申請《きょかしんせい》を行なっていたが、一九七六年断念し、閉鎖。

モーリス：一九七四年技術的理由により断念。以降、燃料貯蔵施設として使用中。

バーンウェル：一九七六年にほぼ建設完了したが、核不拡散政策により事業中止。一九八三年封鎖。

はっきり「核不拡散政策により」とあるのは、試運転を実施したのみで中止されたバーンウェル工場だけです。なお、ここでの核不拡散政策は、

各国の再処理施設一覧（2006年3月現在）

	国名	施設名	設置者	所在地	処理能力（tU/年）	操業開始	備考
運転中	フランス	UP2-800	仏核燃料会社（COGEMA）	ラ・アーグ	濃縮ウラン（各1,000但し計1,700）	1994年	天然ウラン用のUP2（1966年操業開始）をUP2-400、UP2-800と増強。
		UP3	仏核燃料会社（COGEMA）	ラ・アーグ		1990年	本来は海外顧客用。
	イギリス	B205	原子力廃止措置機関（NDA）	セラフィールド	天然ウラン（1,500）	1964年	
		THORP（ソープ）	原子力廃止措置機関（NDA）	セラフィールド	濃縮ウラン（850）	1994年	主に海外顧客用。1200tUから後退。
	日本	東海	日本原子力研究開発機構	東海村	濃縮ウラン（120）（0.7/日）	1981年	原子力安全白書では210tU。
	ロシア	チェリヤビンスク-65　RT-1	ロシア原子力庁（ROSATOM）	オジョルスク	濃縮ウラン（400）（実質250）	1971年	軍事用（1949年操業開始）を改造。
	インド	カルパッカム	バーバ原子力センター	カルパッカム	天然ウラン（100）	1990年	1986年125t/年でスタート。
		トロンベイ	バーバ原子力センター	トロンベイ	天然ウラン（30）	1985年	1964年運転開始、機器等の更新後再開。
		タラプール	バーバ原子力センター	タラプール	天然ウラン（150）	1982年	
建設中	日本	六ヶ所	日本原燃	六ヶ所村	濃縮ウラン（800）	2007年（計画）	
		RETF（リサイクル機器試験施設）	日本原子力研究開発機構	東海村	高速炉燃料（6）		2000年6月第一期工事完了。以後、工事中断。
建設中止	アメリカ	モーリス	GE社	モーリス	濃縮ウラン（300）		1974年建設断念。燃料貯蔵施設として使用。
		バーンウェル	AGNS社	バーンウェル	濃縮ウラン（1,500）		1976年建設中止。83年閉鎖。
	ドイツ	ヴァッカースドルフ（WA-350）	ドイツ核燃料再処理会社	ヴァッカースドルフ	濃縮ウラン（350～500）		1989年建設中止。
	ロシア	クラスノヤルスク-26　RT-2	ロシア原子力庁（ROSATOM）	ジェレズノゴルスク	濃縮ウラン（800）		1989年建設中断。建設再開の動きあり。
閉鎖	アメリカ	ウェストバレー	NFS社	ウェストバレー	濃縮ウラン（300）	1966年	1972年運転中止。76年閉鎖。
	フランス	UP1	仏核燃料会社（COGEMA）	マルクール	天然ウラン（400）	1958年	1997年閉鎖。
		APM（TOR）	仏核燃料会社（COGEMA）	マルクール	高速炉燃料（5）	1988年	1997年閉鎖。
	イギリス	B204	原子力廃止措置機関（NDA）	セラフィールド	天然ウラン（500）	1952年	1964年閉鎖。
		HEP-B205	原子力廃止措置機関（NDA）	セラフィールド	濃縮ウラン（400）	1969年	1973年事故で閉鎖。
		PFRプラント	AEAテクノロジー（旧英原子力公社）	ドーンレイ	高速炉燃料（7）	1980年	1998年閉鎖。
	ドイツ	WAK	ドイツ核燃料再処理会社	カールスルーエ	濃縮ウラン（35）	1971年	1990年閉鎖。
	ベルギー	ユーロケミックプラント-26　RT-2	ベルゴプロセス	モル	天然・濃縮ウラン（100）	1966年	1974年運転中止。87年閉鎖。

原子力資料情報室作成

カーター大統領の前のフォード大統領が一九七六年一〇月二八日に発表したもので、「あらゆる国が、アメリカとともに、少なくとも三年間、再処理とウラン濃縮《のうしゅく》を凍結する」という内容でした。

止《と》めをさしたのが、カーターの政策だったということでしょう。

半乾式《はんかんしき》という新技術を採用したモーリス工場は、設計上の欠陥のため技術的に行き詰まり、一九七四年七月の試運転中に「実用化は困難」だとして建設が中止されました。同工場の建設を断念したGE社のB・ウルフ副社長はその後、「民間企業として再処理工場を建設する考えはない」「どこの国でも再処理は民間ではできない」と語っています（『富士ジャーナル』一九八二年二月号）。

ウエストバレー工場は一九六六年に操業を開始した民間初の再処理工場ですが、労働者の被曝量の増大と、相次ぐトラブルによる不採算問題を解決し、経済性を向上させる規模拡張計画のため、一九七二年四月に操業を停止しました。しかしけっきょく規制強化による新たな安全基準を満たすにはコストがかかりすぎるとして断念に至ったものです。バーンウェル工場も、カーター政権の後のレーガン政権が商業再処理の凍結を解除したにもかかわらず、経済性を理由に閉鎖されました。

それもけっきょくは技術的な困難さだ、と指摘するのは松永長男元東京電力原子力開発本部副本部長です。同氏は、前出の『原子力発電の原点と焦点』で、こう言っています。

「『アメリカ型原子炉は濃縮ウランを使うから、濃縮はうちでやります。プルトニウムを採ってリサイクルをやります』というのが、アメリカの原子力政策だった。アメリカはそのために、再処理工場を作り始めた。ところが、再処理工場はむずかしい。FPは、何百万キュリーもの放射能を持つ。高い熱を持つ。商業用の再処理工場は、技術的に非常にむずかしい。特にFPを扱う部分がそうだ。アメリカは大規模な再処理工場を作ろうとして、失敗した」。

FP
核分裂生成物の英語の略称。核分裂によって生まれたもの、および生まれたものが短い半減期で変わってできるものをふくめて「核分裂生成物」と呼ぶ。

キュリー
放射能の単位。国際単位系の採用後は「ベクレル」が用いられている。一キュリー＝三七〇億ベクレル。

Q19 世界の流れは脱再処理に向かうのでしょうか？

世界の各国とも再処理からは撤退してきているとのことですが、その流れはこれからもつづくのですか？　再処理復活の動きはないのですか？

次々と契約打ち切り

世界的に見ると、ともかくも商業規模《しょうぎょうきぼ》で再処理を行なっているのは、フランス、イギリス、ロシア、それに日本の四カ国のみです。日本以外はすべて核兵器国《かくへいきこく》で、ロシアのRT―1工場は、もともと軍事用《ぐんじょう》だったものです。インドも小規模な工場を三つもっていますが、少なくとも一つは軍事用と位置づけられています。より小さなプラントを持っているのも、中国、パキスタンと、やはり核兵器国です。

フランスやイギリスの工場に再処理を委託していたスウェーデン、ドイツ、スイスなどの各国は、次々と契約を打ち切りました。一九八四年三月の日本原子力産業会議の年次大会でイギリス中央電力庁のウォルター・マーシャル総裁《そうさい》が使ったという比喩《ひゆ》によれば、「使用済み燃料はワインと同じで、寝かせておけばおくほどよい」というのが、すでに二〇年余も以前からの共通認識なのです。

そこからさらにスウェーデンやドイツ、スイスなどは、寝かせた後も再処理はせず、使用済み燃料を直接処分する方向に踏み出しました。

英仏の再処理工場は？

イギリスでは、ガス炉燃料用再処理工場であるB205も、主に海外の顧客《こきゃく》のための軽水炉燃料用再処理工場であるTHORPも、核燃料公社（BNFL）から原子力廃止措置機関（NDA）に保有者《ほゆうしゃ》が移行しました。B205は二〇一二年に操業終了の計画。THORPは二〇一一年以前に終了と見込まれています。

フランスには、ガス炉燃料用を改造したUP2―800と、本来は海外顧客用のUP3という二つの軽水炉燃料用再処理工場がありますが、右に述べたように海外の顧客が撤退《てったい》しているため、これまで必ずしも積極的ではなかった国内使用済み燃料の再処理に傾斜《けいしゃ》してきています。AREVAでは二〇四〇～五〇年まで運転をつづけるとしているものの、それは難しいでしょう。

「先進再処理」のゆくえ

アメリカやフランス、日本などで、さまざまな「先進再処理」の開発がすすめられています。Ｑ20でとりあげるアメリカのＧＮＥＰも、先進再処理を前提としています。ということは「脱再処理」でないようにも見えますが、それらが商業的に利用されるような時代がくるとは、とても考えられません。机上《きじょう》ないしせいぜい実験室レベルの開発なのだと言ってよいでしょう。

二〇〇六年五月三〇日に開催《かいさい》された総合資源エネルギー調査会電気事業分科会の原子力部会で、秋元勇巳《あきもとゆうみ》日本原子力文化振興財団理事長・三菱マテリアル名誉顧問《めいよこもん》は、こう述べていました。「先進湿式《せんしんしつしき》といいましても、例えばここに出てきている湿式一つ一つの技術は、ほとんどまだビーカーテストでテストをされたという程度の経験しかないわけですね」。

技術的に行き詰まったとされたアメリカのモーリス再処理工場（↓Ｑ18）では、実験室で成功しただけでいきなり実用化を図ったのが失敗の原因とされていたのを思い出しておきましょうか。

先進再処理
「ピューレックス法」と呼ばれる現在の湿式再処理に代わる新たな再処理の方法。

Q 20 アメリカで再処理が復活するって本当ですか?

アメリカでGNEP構想が打ち出され、再処理をすると発表されました。これは再処理を復活するということではないのですか?

GNEP構想とは

二〇〇六年二月六日、アメリカはGNEP（国際原子力パートナーシップ）構想を発表し、「再処理復活《さいしょりふっかつ》」と報じられました。核拡散を防ぐために、ウラン濃縮や再処理の施設をもってよい国（核兵器国＋日本）を限定し、それらの国が他の国々に濃縮ウランの提供と使用済み燃料の引き取りを保証する構想で、引き取った使用済み燃料は再処理をするといいます。

しかしGNEPのいう再処理とは、使用済み燃料を処分しやすくするためのものとされ、日本でいう「リサイクル」とは意味づけがまったく異なります。取り出されたプルトニウムは、高速炉《こうそくろ》で燃やしますが、プルトニウムの増殖炉ではなく、あくまで焼却炉です。エネルギー利用は焼却の〝おまけ〟であって、利用を主眼としてはいません。核拡散に通じる

高速炉
増殖をしないので、単に高速炉と呼ぶ。

再処理を自由にさせない「再処理封じ」こそが、何よりの目的なのです。
ＧＮＥＰでは、アメリカ国内に再処理と燃料製造を行なう「統合核燃料取り扱いセンター（ＣＦＴＣ）」を、早ければ二〇一〇年ころから建設する計画です。並行して高速炉の「先進的焼却炉（ＡＢＲ）」も建設し、二〇二〇年ころに運転を開始するとしています。

これは、二〇〇六年八月三日に明らかにされた構想で、二月の当初構想では、その前に工学規模《こうがくきぼ》の「新再処理法実証施設（ＥＳＤ）」、「高速実験炉（ＡＲＴＲ）」を建設・運転に入れるとされていました。もともと余りに性急《せいきゅう》な計画だったとはいえ、わずか半年で大きく変わってしまったことになります。当初は核拡散への抵抗性を高めるため、プルトニウムは、アメリシウムなどの微量超《びりょうちょう》ウラン元素《げんそ》といっしょに取り出して燃やすとされていたのですが、それは第二段階の構想へと先延ばしされました。実証抜きという計画になり、やはり性急のそしりは免《まぬが》れないでしょう。

既存《きそん》技術を活用するとして、国内外の企業から技術提案に対する関心表明（ＥＯＩ）を募り、九月八日の締め切りまでに日本などから一八件のＥＯＩがありました。日本からは、日本原燃、日本原子力研究開発機構など一一者が名を連《つら》ねての表明です。

微量超ウラン元素

「超ウラン元素（ＴＲＵ）」とは、原子番号九二のウランよりも大きな原子番号をもつ元素を言う。ネプツニウム、プルトニウム、アメリシウム、キュリウムなど。放射能毒性が強く、長寿命の核種が多い。そのうち、ネプツニウム、アメリシウム、キュリウムは使用済み燃料中にふくまれる量が少ないことから「微量超ウラン元素（マイナー・アクチニド）」と呼ばれる。

なんともあやふやな

それにしても、なんともあやふやな「構想」です。この構想には、「むしろ核不拡散に反する」「コスト負担が大きい」と、米議会内で共和党議員をふくめて強い反対があり、原子力産業界も「使用済み燃料の直接処分をこそ進めるべき」と消極的《しょうきょくてき》だといわれます。核兵器国の中での足並みも乱れています。技術的成立性にも疑問がもたれており、被曝対策などは大いに疑問です。しょせん海のものとも山のものともつかないシロモノと言ってよいでしょう。

プロブレムQ&A

Ⅵ

六ヶ所再処理工場・その2

Q21 コストはどれくらいかかるのですか？

六ヶ所再処理工場のコストは膨大な額になりそうです。そんなコストを回収して、いずれは黒字に転換できるのでしょうか？

電気事業連合会のコスト試算

総合資源エネルギー調査会の電気事業分科会《ぶんかかい》に設けられたコスト等検討小委員会に二〇〇三年一二月、電気事業連合会から「原子力バックエンド事業」のコスト試算値《しさんち》が報告されました。バックエンドとは、一般には、使用済み燃料が発生して以降の工程、すなわち使用済み燃料の貯蔵、処分あるいは再処理、回収ウランやプルトニウムの再加工といった各工程と、それらの工程から発生する廃棄物の処理処分工程、各工程の間の輸送を意味します。

報告されたバックエンド事業の総費用は約一九兆円。しかし、これにはふくまれていない費用も多く、原発の運転をつづければ、後始末の総費用は、とてもそんな額ではおさまらないでしょう。どんなに少なく見積もっても、三〇兆円は超えそうです。

それはともかく、一九兆円のうち六ヶ所再処理工場の費用とされているのは一一兆円です。使用済み燃料は三万二〇〇〇トンを処理するというのですから、一トン当たりの再処理費用は約三億四四〇〇万円。これでもフランスやイギリスの再処理コストの三倍以上になりますが、この処理量は、毎年、処理能力いっぱいの八〇〇トンを処理すると想定する、とんでもない前提で導《みちび》き出された量です。そんなことがありえないことは自明でしょう。

そもそも六ヶ所再処理工場を電力業界が建設しようとした際には、「海外再処理は高いから」が理由の一つでした。一九七九年六月に、民間企業を再処理の事業に参入させるため、原子炉等規制法という法律が改正されました。法案を審議中の前年五月に衆議院科学技術振興対策特別委員会で行なわれた参考人質疑で、中部電力の田中精一《せいいち》社長は、一トン当たり海外の八〇〇〇万円に対して七〇〇〇万円でできると答弁しています。

それが三倍以上にもなるというのですが、さらに六ヶ所再処理工場の処理量が仮に六〇パーセントになったらとして、一トン当たりの費用がいくらになるかを試算してみましょう。設備の利用率が下がっても、操

「バックエンドコスト一九兆円」の内訳

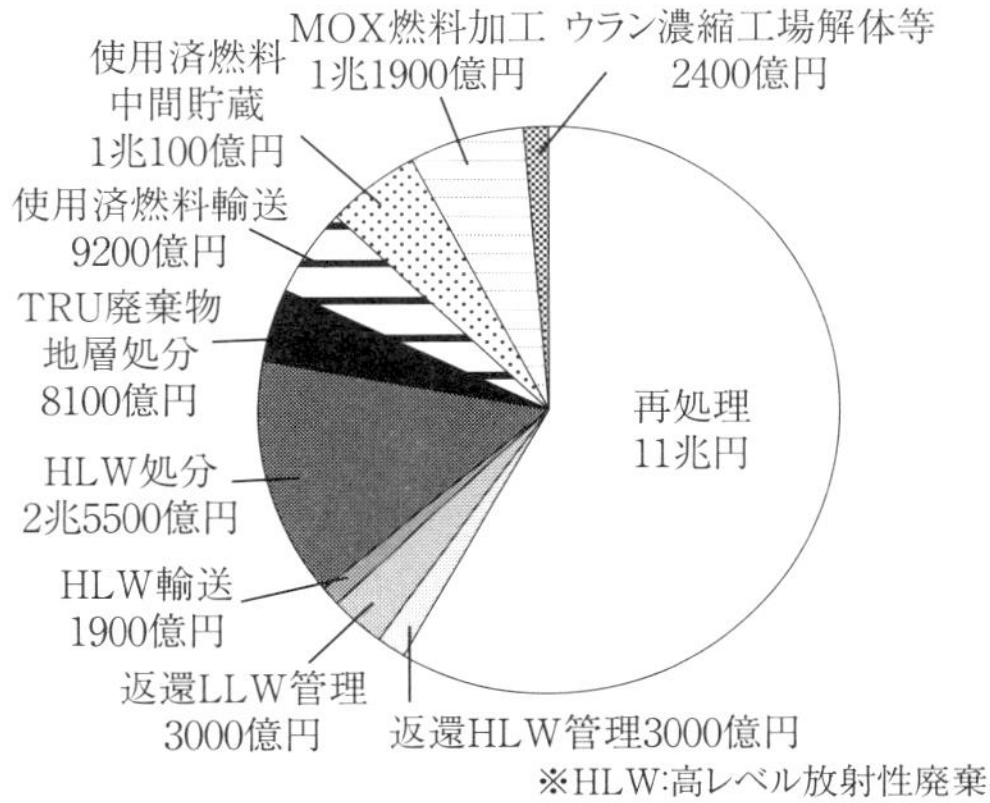

※HLW:高レベル放射性廃棄物
LLW:低レベル放射性廃棄物

業費は下がってはくれません。現実には、事故・故障等で利用率が下がる時には、むしろ修繕費《しゅうぜんひ》等がかさむことになります。

しかしここでは設備の利用率と同じ比率で操業費も減るとします。それでも結果は、三億八〇〇〇万円にもなります。とても経済的に成り立つものではありません。

しかも、これは、あくまで電気事業連合会の試算値が妥当《だとう》だとしてのものです。一九八九年三月に六ヶ所再処理工場の事業許可が申請された時の建設費の見積もり額は七六〇〇億円でした。一九九二年一二月に原子力委員会はそれを妥当と認め、内閣総理大臣が許可を出したのです。ところがその後、この額はどんどんふくらんで、二兆一九〇〇億円と三倍近くになりました。さらに追加工事や燃料貯蔵プールの不良溶接《ふりようようせつ》の補修などで増額が見込まれています。

操業費（右に見た建設費の減価償却をふくむ）や解体費《かいたいひ》も、当初の甘い見積もりが大きくふくらむことが容易に想像できます。

「直接処分」の選択肢隠し

「日本におきましては再処理をしない場合のコストというのを試算した

不良溶接
四四ページの「主な事故」にあるように、六ヶ所再処理工場では、不良溶接の不正工事が数多く見られた。

ことがございません」――二〇〇四年三月一七日の参議院予算委員会で、社民党の福島瑞穂《ふくしまみずほ》議員の質問に日下一正《くさかかずまさ》経済産業省資源エネルギー庁長官は、こう答えました。

原子力発電所で燃やされた後の使用済み燃料は再処理をし、燃え残りのウランやプルトニウムを回収して再利用するのが、日本の原子力政策の基本方針です。そうでない場合のコスト試算など、する必要もないという長官の口ぶりでした。

ところが、実は試算をしていた資料が現われて、虚偽答弁《きょぎとうべん》がたちまち露見《ろけん》します。総合エネルギー調査会原子力部会の核燃料サイクル及び国際問題作業グループの一九九四年二月四日の会合に、通産省資源エネルギー庁による試算が出されていた、と七月三日の各紙が報じました。国内で再処理をする場合、直接処分の二倍前後のコストがかかるとの試算結果です。これを電力会社や動力炉・核燃料開発事業団の委員が、「積極的に公開するのはいかがなものか」「公表の仕方には

資源エネルギー庁
経済産業省の外局で、原子力の推進行政を担当している。

六ヶ所再処理工場の運転開始予定・建設費見積り額見直し状況

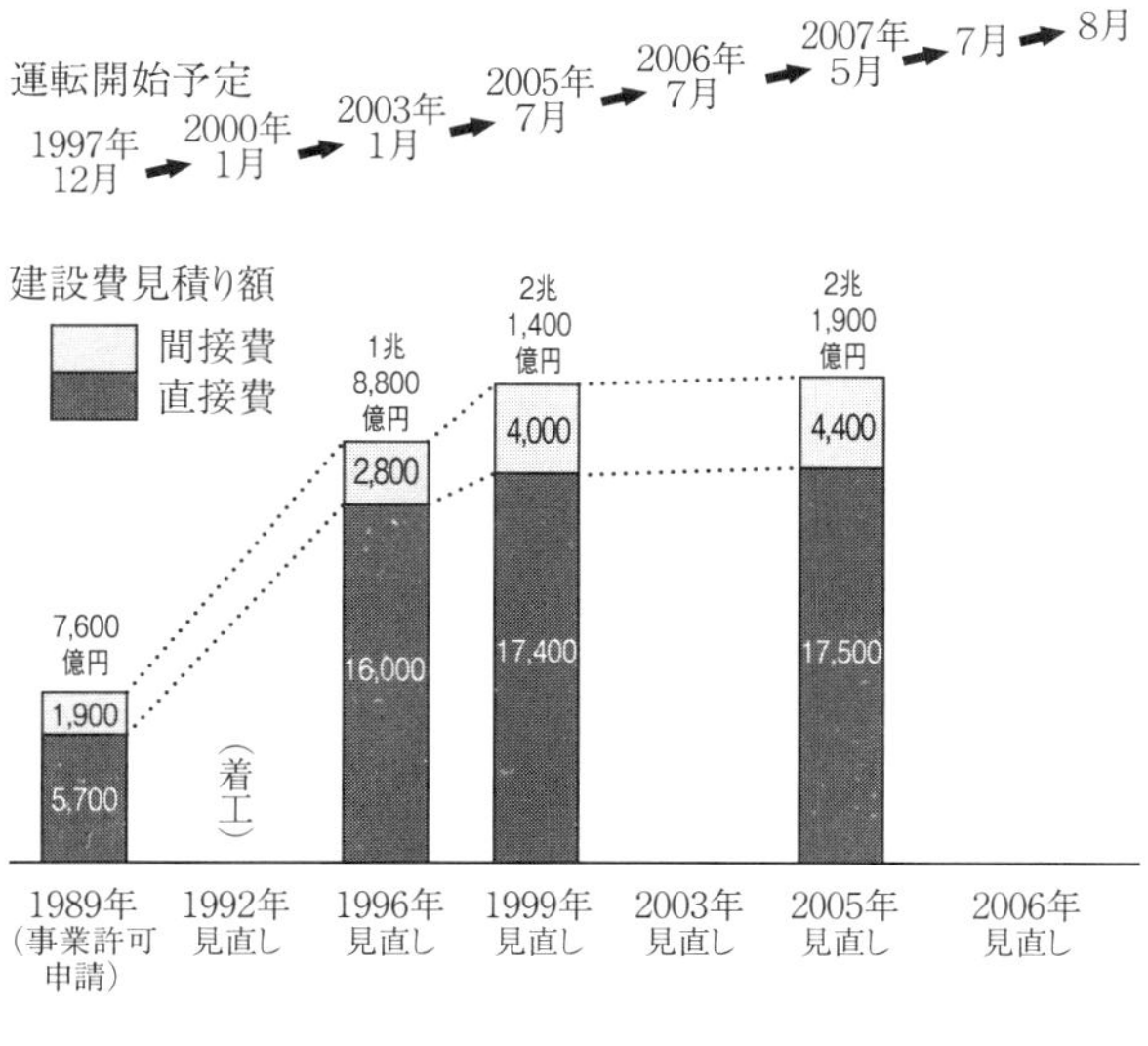

原子力資料情報室作成

配慮《はいりよ》願いたい」などとして隠してしまったのです。

この試算隠しが明るみに出ると、すぐに続いて、科学技術庁や電気事業連合会でも同種の比較をしていたことが、相次いで公表されています。一〇年前に試算が公表され、きちんと議論されていたら、原子力政策の現状は違っていたかもしれません。コスト試算の結果が隠されてきた（試算の過程や根拠は今に至るも公開されていません）ことは、単に経済性のデータが隠されてきたのではなく、選択肢《せんたくし》が隠されてきたことを意味するのです。

黒字転換の見込みの白々しさ

二〇〇二年二月八日付『東奥日報』の記事で日本原燃は、「再処理工場の減価償却《げんかしょうきゃく》は操業開始後一五年で終了し、その後は黒字に転換するものと見込んでいる」とコメントしていますが、いかにも白々《しらじら》しく聞こえます。ちなみに東海再処理工場の減価償却は「建設投資約一七七億円と平準年度二一〇トンの操業による再処理料金収入をもってコストを回収するというものであった」（『動燃二十年史』）ところ、実際の建設投資は九〇〇億円を超え、毎年、料金収入を上回る施設操業費が注ぎ込まれています。

六ヶ所再処理工場が経済的に成り立たなくなることは、疑う余地すらないでしょう。

Q22 国や電力会社が一時は建設を止めようとしたのはなぜですか?

誰もが六ヶ所再処理工場を止めたがっている、と報じられています。原発の推進者たちまでが止めようとしたのはなぜなのでしょうか?

国と電力会社の責任なすりあい

二〇〇四年一一月二四日、前日に日本原燃が青森県、六ヶ所村と安全協定を結び、六ヶ所再処理工場のウランを使った試験入りが確実となったことを報じた『電気新聞』の一面には「サイクル大きく前進」の文字が踊っていました。ところがその隅の「デスク手帳」には、こうあったのです。「前進ととらえるのかそれとも……。ルビコン河を渡ったカエサルは一定目的を遂げたが果たして」

そこに電力業界の本音が端的《たんてき》に示されています。元老院《げんろういん》決議に背《そむ》いてローマに進軍《しんぐん》したカエサルになぞらえられた六ヶ所再処理工場は、果たして一定目標すら遂げられるかどうか、また、一定目標は遂げてもたちまち独裁者の末路《まつろ》を辿《たど》るか。いずれにせよ「前進」には疑問符がつく、ということでしょう。

二〇〇二年一一月一日付の『毎日新聞』に掲載されたインタビュー記事で、東京電力の勝俣恒久社長は、こう答えています。「再処理工場は技術的に複雑な装置で、未知の世界がいろいろある。そういう意味で不安感がある。だけど、ここまで来たらやるんでしょということ」。

「原子力政策大綱」をまとめた新計画策定会議の委員には電力会社の社長が二人加わっており、そろって再処理は事実上義務づけられていると主張しました。東京電力の勝俣恒久社長は「原子力設置許可申請においても再処理を行うこと、これを実質的な許可要件としているところであります」と述べ、関西電力の藤洋作《ふじようさく》社長は「民間事業者の原子力発電や原子燃料サイクルの諸事業は、法律上、国の計画である原子力長期計画との整合《せいごう》が求められている」と説明しました。

それに対して国のほうは、どう言っているでしょうか。二〇〇五年四月二二日の衆議院経済産業委員会で、民主党の鮫島宗明《さめじまむねあき》議員が、こう質問しました。「使用済み燃料は全量再処理しなければいけないという法的義務は事業者にありますでしょうか」。

原子力安全・保安院の松永和夫《まつながかずお》院長の答弁は、次のようなものでし

原子力政策大綱
原子力政策の基本方針をまとめたもので、二〇〇五年一〇月、原子力委員会により決定された。従来の「原子力研究開発利用長期計画」を廃して、新たに命名。

た。「再処理そのものを法律上義務づけておりませんので、当然のことながら、全量も再処理するということも義務づけてはおりません」。それを「義務づけられている」と主張するのは、責任を国にあずけたいからです。

目に見えている破綻

「青森では、再処理事業推進に不退転《ふたいてん》の決意で臨むと宣言しておきながら、東京に戻った途端《とたん》、舌の根も乾かぬうちに、再処理凍結論を言い出す」と、青森県の幹部は国や電力への不信感を隠さなかった、と二〇〇六年三月三〇日付の『東奥日報』は報じています。

なぜ誰もが六ヶ所再処理工場の建設を止めたいと思うのでしょうか。いうまでもなく、破綻《はたん》が目に見えているからです。六ヶ所再処理工場の操業を開始することはできても、動かしつづけることは不可能です。プルトニウムの需給からも事故の予想からも、低稼働ないし稼働中断は確実でしょう。そうなると、投下コストの回収は、とてもおぼつきません。

仮に操業が中止されたり長く止められたりするような大きな事故には見舞われずにすんだとしても、六ヶ所再処理工場は、やはり高い設備利用率を期待できません。

二〇〇二年四月に開かれた青森県の原子力政策賢人《けんじん》会議の席上、原子力委員会と資源エネルギー庁への質問に対する文書回答が配布されました。その中で原子力委員会は、「プルトニウムの保有量が増えることに、世界の目は必ずしも温かくない。それをどう考えるか」との質問に、「プルトニウム利用計画を明らかにした上で、再処理を実施していくことが必要である」と答えています。

その回答には、日本原燃による「補足」があり、そこには次のように記されていました。「日本原燃株式会社としては、国の方針に沿い、各電力会社と協議の上、透明性《とうめいせい》を確保しながら計画的に再処理を実施していく所存であり、その方策について検討を進めているところである」。

「計画的に再処理を実施」とは、事実上、フル操業を続けることはないとの言明でしょう。

将来は国営に？

いずれにせよ、六ヶ所再処理工場が経済的に成り立たな

六ヶ所工場には誰もが反対

島村武久氏（元原子力委員）から送っていただいた「原子力政策研究会レポート」によると、昨年（1992年）暮れに再処理事業指定を受けた日本原燃の関係者たちの表情に、晴れて事業許可を受けた喜びのようなものがみられず、むしろ不安と困惑の表情が色濃いとあります。自分たちが推進する事業が進捗することを、実は当の推進者たち自身心の底では歓迎していないというのが、再処理関係者たちの偽らざる心境のように思われます。（武藤弘＝インネット編集長――日刊工業新聞社1993年刊『プルトニウム・クライシス』）

経産省も本心はバックエンド問題を抱え込みたくなく、一部では再処理路線の放棄を主張する向きもある。しかし、経産省は、表向きそうしたことを口にするわけにはいかない。……経産省は自ら動かず、東電問題や世論の動向あるいは電力業界の事情から、再処理路線を断念せざるを得なくなるよう待っているという、うがった見方さえある。（中英昌＝『原子力eye』編集主幹――同誌2003年2月号）

くなることは、疑う余地《よち》すらないことです。電力会社が逃げ出したいと思い、事業者の日本原燃すら放り出したくなるのも、無理はないでしょう。

電気事業連合会の太田《おおた》宏次《ひろつぐ》会長が二〇〇一年二月、青森市での記者会見で「核燃料サイクル事業は、将来国営になっているかもしれない」と述べたのも、国に引き取ってほしいという願望《がんぼう》の現われです。太田氏の前の電気事業連合会会長だった荒木浩《あらきひろし》氏は、一九九八年一月の定例記者会見で

再処理事業は仕方なしにやっている。国の誤った政策のしりぬぐいみたいなものだ。これは原子力委員会の失敗だが、責任をとる人はだれもいない。（豊田正敏・元日本原燃サービス社長・元東京電力副社長『東奥日報』2000年3月24日）

原子力未来研究会は『原子力ｅｙｅ』誌で、電力市場自由化における原子力問題の中で特に焦眉の課題である六ヶ所再処理問題を取り上げた。原子力未来研究会の主張の要点は、六ヶ所再処理工場が放射性物質で汚染されるホット試験の前に一旦工事を中断し、今後の方針について原子力委員会が先導して国会で審議すべきだということである。私を含めて原子力未来研究会のメンバーは原子力の必要性を十二分に理解している。地球温暖化対策としての原子力の重要性も良くわかっている。しかし、今の原子力政策は、過去に呪縛され、あまりにも非合理・非効率になっていると感じている。（山地憲治・東京大学教授・元電力中央研究所研究主幹『電気新聞』02年7月16日）

再処理路線についての疑問は以前から底流としてあった。表だった議論としては、10年ほど前に、六ヶ所村の再処理施設が、政府により事業指定された時期に、故島村武久原子力委員が再処理事業を始めることに疑問を呈されたことであろう。……私の記憶するところでも役所の中でも、賛成する人が多かったように思うが、再処理路線という流れに逆らうことはできず、ずっとボタンの掛け違いが続いているのが現状である。……六ヶ所村の再処理工場がウラン試験を実施する前に、このプラントの運転を始めるか、凍結するかについて、すべての関係者を含んだ徹底的な本音の議論を開始するイニシアティブを取るべきである。（大井昇・元東芝原子炉設計部主幹・国際原子力機関燃料サイクル課長『日本原子力学会誌』02年7月号）

「国のエネルギー政策で原子力をやっているのだから、廃棄物も国が全責任を持ってほしい」と発言しています。

電力会社の幹部は「そんなに再処理したければ、国が直営でやればいいのではないか」と言い（二〇〇四年一一月一四日付『読売新聞』）、原子力委員会の近藤駿介委員長は「民間の電力会社が再処理事業をやると決めた以上、原子力委員会がやめろという筋合《すじあ》いのものではありません」と逃げを打つ（『日経エコロジー』二〇〇四年八月号）――それが再処理なのです。

Q23 再処理工場を動かすことは青森県にとってどんな意味があるのですか？

青森県は、六ヶ所再処理工場の強力な推進者です。再処理工場は青森県に必要なものだと考えられているのではありませんか？

やっぱり放射能のごみ捨て場

歴代の青森県知事に言わせれば、「再処理工場は生産工場であって放射能のごみの捨て場ではない」ことになります。しかし、実のところは、使用済み燃料というごみの処理場です。そして、再処理が始まれば、行き先のない高レベル放射性廃棄物が六ケ所村にたまり続けることになります。工場の運転に伴う超ウラン廃棄物のような、非常に複雑な種類の中・低レベルの放射性廃棄物も発生します。回収されたウランもプルトニウムも貯蔵されます。まさにありとあらゆる核のごみの総合貯蔵・処分場と化すことは間違いありません（→Q4）。

プルトニウムをMOX燃料にするために、燃料の加工工場をつくる計画がすでに動き出しています。この工場もまた、超ウランの核種《かくしゅ》をふくむ

超ウランの核種
TRU（超ウラン元素）のこと。一〇六ページの注参照。

放射性廃棄物の生産工場です。となると、そうした放射性廃棄物についての最終処分場も六ヶ所に、となってこざるをえないかもしれません。超ウラン廃棄物の一部は地層処分《ちそうしょぶん》が必要とされ、高レベル放射性廃棄物といっしょに処分するのが望ましいとなれば、その処分場だって考えられます。

高レベルの放射性廃棄物については、二〇〇二年末の処分場候補地の公募《こうぼ》開始から一件の応募も正式にはない状況が続いています。

青森県の経済的破綻

再処理事業が日本原燃の命とりになるとすれば、青森県や六ヶ所村の経済にとっても望ましいものではありません。

使用済み燃料一キログラム当たり、受け入れ時に一万九四〇〇円、貯蔵中は一三〇〇円の核燃料物質等取扱税により、毎年一〇〇億円を超える税収が見込まれ

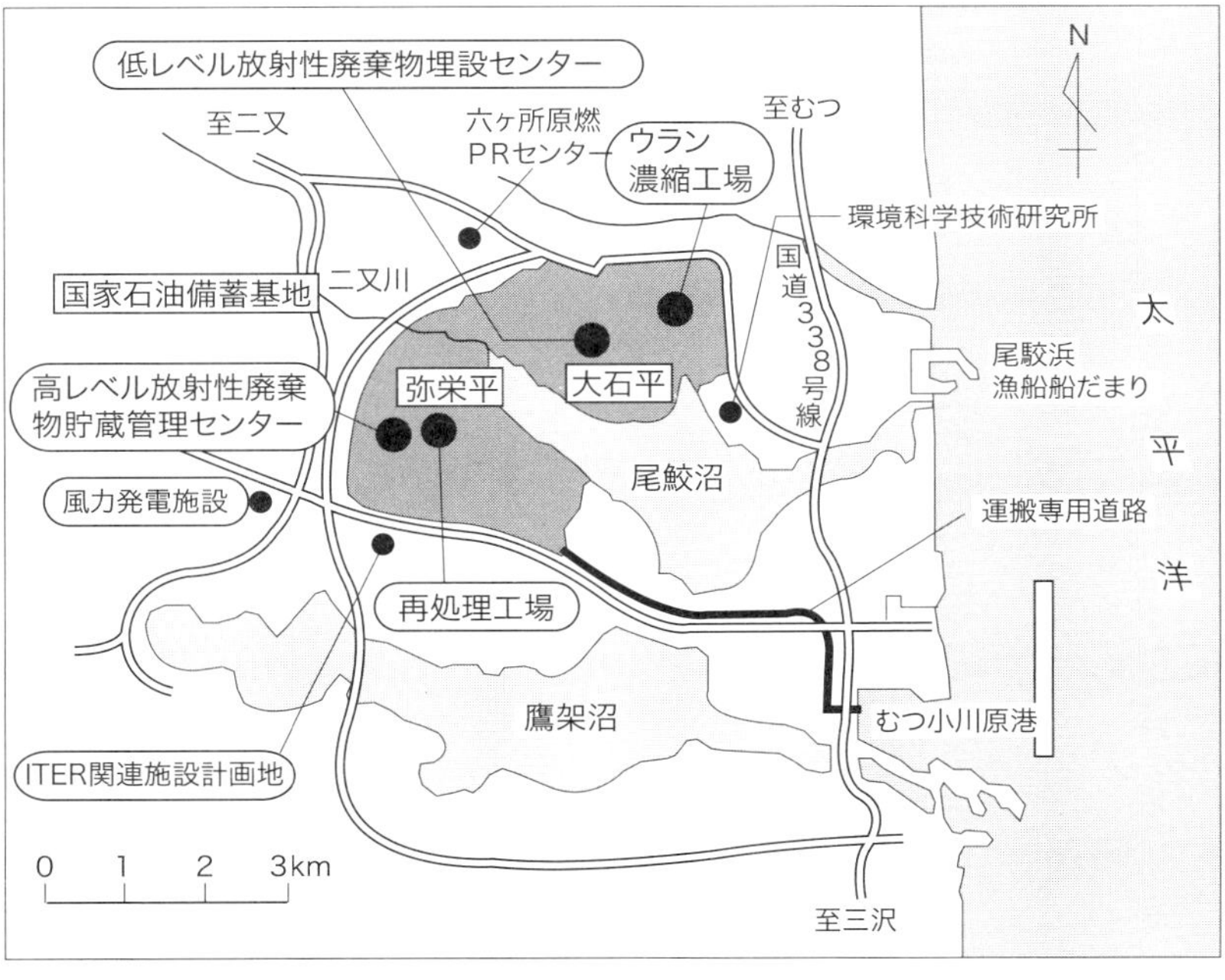

ているものの、これが計画倒れとなることは、火を見るより明らかです。

「二兆円の再処理工場が運転を開始すれば、我が国史上空前の固定資産税《こていしさんぜい》収入も期待される」として、「仮にＩＴＥＲ（国際熱核融合《ねつかくゆうごう》実験炉）が誘致《ゆうち》されても、国際機関である以上は固定資産税も事業税《じぎょうぜい》も払わないから、国内外の研究者を引き留《と》めるための学校、厚生施設、道路等のインフラ整備を行なうには、再処理工場の稼働《かどう》が不可欠となる」（小塩愛一郎「全面自由化は原子力産業再構築の好機」――『エネルギーフォーラム』二〇〇二年七月号）といったジャーナリストの言もありましたが、ＩＴＥＲの建設地は二〇〇五年六月二八日、フランスのカダラッシュに決まりました。六ヶ所村には国際核融合《こくさいかくゆうごう》エネルギー研究センターなどが建設されることになりそうです。それに伴う出費はＩＴＥＲ本体よりだいぶ少なくてすむとはいえ、固定資産税はどんどん減額《げんがく》していくし、会社が破産すれば途中で止まってしまうことすらありえます。

再処理工場の固定資産税や核燃料物質等取扱税をあてにしていたら、県経済の破綻《はたん》は免《まぬが》れません。

大事故の場合には、青森県の救済にまでは手がまわらないことは確かでしょう。早めに地域経済のあり方を見直しておくほうが得策《とくさく》ではないで

核燃料物質等取扱税
青森県が核燃料サイクル施設と東通原発に課している税金。受け入れた使用済み燃料の量、貯蔵量などに応じて課税されている。

ＩＴＥＲ
「イーター」と読む。国際熱核融合実験炉の英語の略称で、国際共同開発でつくられようとしている核融合発電の実験炉。

しょうか。

「二十年先のことは……」

「永田町《ながたちょう》と青森県政界の総合案内人を務《つと》めて下さった」と青森県知事「三村申吾《みむらしんご》氏とスタッフの皆さま」に謝辞《しゃじ》が記されている小説『新リア王』（新潮社、二〇〇五年）で高村薫《たかむらかおる》さんは、後に青森県知事になる参議院議員「福《ふく》澤優《ざわゆう》」にこう言わせています。「核燃料サイクルが来ても、原発が来ても、未来がないことは誰よりも地元自身が知っているのだ」。

そして、いとこの通産官僚《つうさんかんりょう》「福澤貴弘《たかひろ》」には、「二十年先のことは知らないが、少なくともいま現在は原子力利用を推進する国の方針があり、協力する自治体への手当ても確実に実行される」とのせりふが、また、父親の衆議院議員「福澤榮《さかえ》」には次のような述懐《じゅつかい》が与えられました。

「かつて、ときどきの経済状況のせいで夢と消えたむつ製鉄やフジ製糖《せいとう》が地元に残したのは無残《むざん》な工場廃墟《はいきょ》だっ

高レベル放射性廃棄物の地層処分の概念図

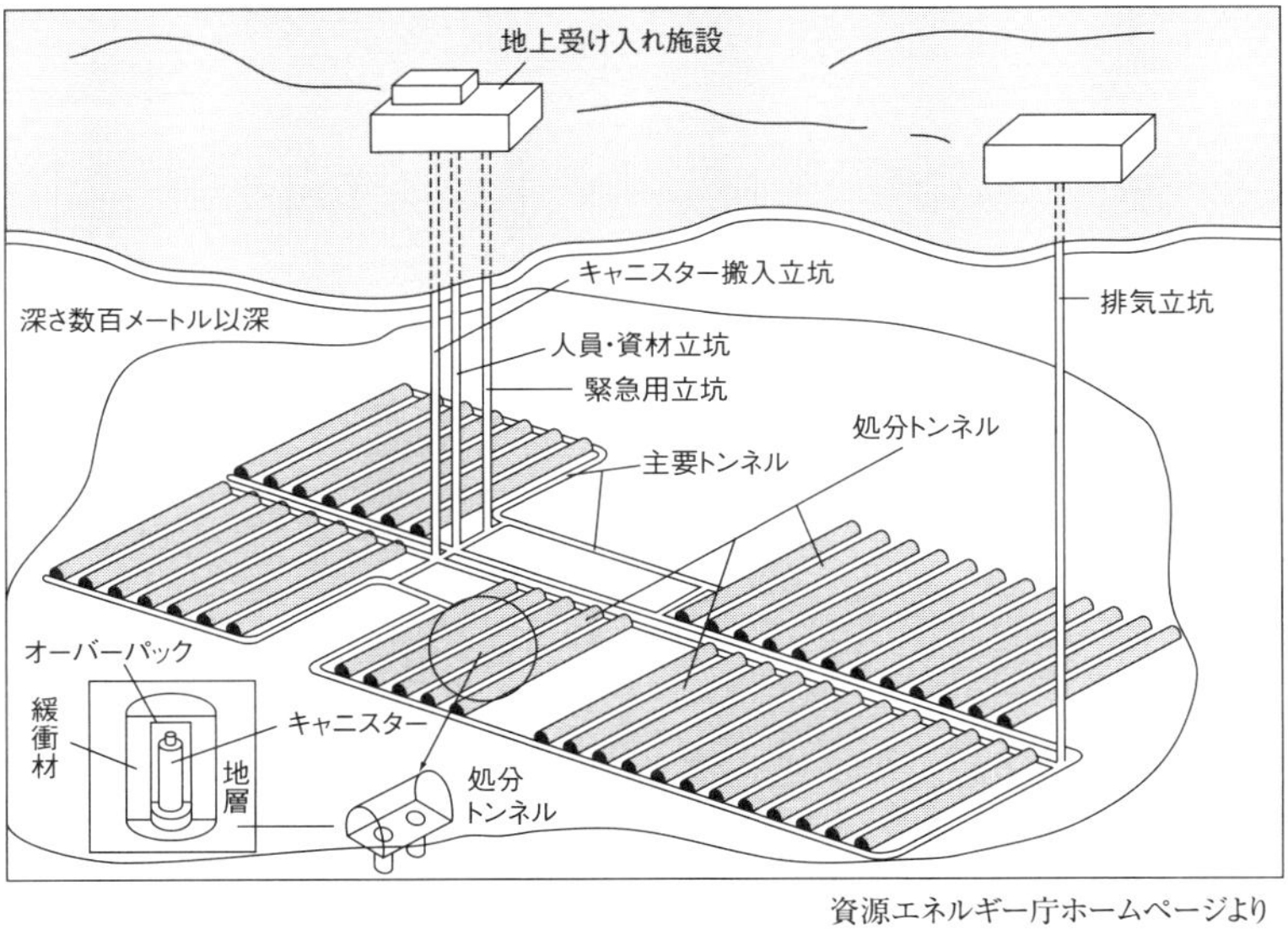

資源エネルギー庁ホームページより

たが、もしも核燃料サイクル事業が夢半《なか》ばで撤退《てったい》したあかつきに残るのは、放っておけば土に帰る鉄筋コンクリートの残骸《ざんがい》では済まない」「もしも壮大《そうだい》な核燃料サイクル事業の将来が確約されたものでないということになれば（中略）下北はいつの日か戦後の原子力政策の行き詰まりの、すべてのツケを払う土地になるということだった」。

むつ製鉄
むつ市周辺の砂鉄開発のためとして一九六三年に国（東北開発会社）と青森県、三菱グループが設立した株式会社。不況を理由に翌年、三菱グループが事業を断念、六五年には解散が閣議決定され、団地造成だけで終わった。

フジ製糖
現・フジ日本精糖。一九六二年、六戸町に工場を新設したが、採算がとれないとして六七年には閉鎖。農民たちのビート（砂糖大根）栽培の夢も潰えた。

Q24 動き出した再処理工場でも止めることはできますか？

六ヶ所再処理工場がすでに試運転に入ってしまった今となっては、後戻りはできないのではありませんか？　それとも、できますか？

まだ引き返せる

六ヶ所再処理工場は、何としても止めることが必要です。試運転入りは強行《きょうこう》されてしまいましたが、後戻りはできるし、しなくてはなりません。国や電力会社が自らの責任で止められないのなら、世論で止めるしかないのです。

実は国や電力会社も、何か口実がつけばまだ引き返せる、と考えています。

二〇〇五年一〇月一一日に原子力委員会が決定した「原子力政策大綱」には、こうありました。「我が国においては、核燃料資源を合理的に達成できる限りにおいて有効に利用することを目指して、安全性、核不拡散性、環境適合性を確保するとともに、経済性にも留意《りゅうい》しつつ、使用済燃料を再処理し、回収されるプルトニウム、ウラン等を有効利用することを基本的方針とする」。

再処理―プルトニウム利用には、少なくともこれだけの留保条件がつけられているのです。その一つでもはっきりダメとなれば、再処理は止められることになります。

ただしこれは、私たちの側から「合理的な対案」を提示《ていじ》すれば政策が変わりうるということでは、まったくありません。運動で追い詰めることができれば、うまく辻つまを合わせて彼らの側から政策を変えうるようにしたと考えるべきでしょう。

また、国も電力会社も「やりたくないけれど、やめられない」と考えていることは、かえってやめにくいことでもあります。「やりたい」というほうが、その理由をなくせばやめられるのですが、「やりたくないのに、やっている」というのでは、簡単にやめさせることができません。

六ヶ所工場の「後」はどうする？

●長期計画/政策大綱に見る「六ヶ所再処理工場後」の政策

	第二処理工場	中間貯蔵	直接処分
1982長計	・計画について今後検討		
1987長計	・2010年頃の運転開始を目途に、技術開発の推進等	・再処理能力を上回るものについては、再処理するまでの間、適切に貯蔵・管理	
1994長計	・2010年頃に再処理能力、利用技術などについて方針を決定	・同上に「エネルギーの備蓄として」を追加	
2000長計	・2010年頃から再処理能力や利用技術を含む建設計画について検討開始	・核燃料サイクル全体の運営に柔軟性を付与する手段として重要 ・2010年までに操業を開始	
2005大綱	・2010年頃から中間貯蔵された使用済み燃料の処理の方策の検討開始（再処理と明言せず貯蔵延長もありと説明）	・再処理能力を上回るものについては中間貯蔵	・不確実性への対応として、技術の調査研究

できるだけ早い決断を

それでも、何としても再処理は、やめさせなくてはなりません。使用済み燃料が貯蔵プールに貯まってくればくるほど、原発への返還《へんかん》を含めて、その後始末がやっかいになります。一九九八年七月二九日、「六ヶ所再処理工場の受入れ貯蔵施設等で行う燃焼度計測装置《ねんしょうどけいそくそうち》の校正試験に用いる使用済燃料の受入れ及び貯蔵に当たっての周辺地域の安全確保及び環境保全に関する協定書」と共に、青森県、六ヶ所村と日本原燃が、電気事業連合会の立ち会いのもとに締結した覚書は、次のように言います。「再処理事業の確実な実施が著《いちじる》しく困難となった場合には、青森県・六ヶ所村及び日本原燃株式会社が協議のうえ、日本原燃株式会社は、使用済燃料の施設外への搬出を含め、速やかに必要かつ適切な措置を講ずるものとする」。

計画中止の決断が遅れればそれだけ、後戻りは困難になります。言い換えれば、決断が早ければ早いほど、よりスムースに撤退ができるのです。

使用済み燃料はどうする？

再処理をやめたら、使用済み燃料はどうするのでしょうか。「日本は使

『どうする？ 放射能ごみ』

プロブレムQ&A
どうする？ 放射能ごみ
[実は暮らしに直結する恐怖]
西尾 漠・著
あまりに危険で
半永久的な管理が必要……
これ以上、子孫にツケを
残さないために……

電力中央研究所
電力技術研究・経済社会的研究のために電力会社が共同で設立した財団法人。

用済み燃料は放射性廃棄物とは定義していませんが、世界を見ると、廃棄物処分と使用済み燃料をどうするかということは、ほぼ同意義です」、と電力中央研究所の鈴木達治郎上席研究員は言います（『エネルギーフォーラム』二〇〇六年一一月号）。海外の諸国では直接処分という道を選んでいることにQ19で言及《げんきゅう》しました。私としては、処分でなく、管理をつづけていくのが望ましいと考えています。『どうする？ 放射能ごみ』（緑風出版、二〇〇五年）で高レベル放射性廃棄物のガラス固化体について述べているのと同じ理由からです。処分の安全性には不確かさが大き過ぎるのです。

それにしても、次から次へと使用済み燃料が生み出されてきては、管理をするのも処分をするのも困難となるのは自明でしょう。問題を解決する唯一《ゆいいつ》の手立《てだ》ては使用済み燃料を増やさないこと、すなわち原子力発電をやめることです。

「原子力発電をやめるなんて、できるのか」と問われれば、「できる」とお答えします。廃棄物問題以外の原発をやめなくてはいけない理由もふくめて、『なぜ脱原発なのか？』（緑風出版、二〇〇三年）をご参照ください。

『なぜ脱原発なのか？』

プロブレムQ&A
なぜ脱原発なのか？
放射能のごみから非浪費型社会まで
西尾 漠・著
No!
暮らしの中にある原発
でもやっぱり不安……
あなたの素朴な疑問に答えます

六ヶ所核燃料サイクル施設関連年表

1969. 5.30 新全国総合開発計画閣議決定。むつ小川原を大規模工業基地の候補地に指定。
79.10. 1 むつ小川原地区へ国家石油備蓄基地の立地決定。大規模工業基地計画は破綻。
80. 3.11 民間再処理事業者として、日本原燃サービス設立。
84. 1. 5 電気事業連合会、核燃料サイクル施設の建設構想を発表。
84. 4.20 電気事業連合会、青森県知事に県内受け入れを要請。
7.27 電気事業連合会、立地点を六ヶ所村と特定し、県・村に受け入れ要請。
85. 1.17 六ケ所村長が県知事に受け入れ報告。
3. 1 ウラン濃縮、低レベル廃棄物埋設の事業主体として日本原燃産業設立。
4. 9 県議会全員協議会で知事が受入れ表明。
4.18 県が受け入れを正式回答。原燃サービス、原燃産業、青森県、六ケ所村と立会人としての電気事業連合会が立地基本協定に調印。
4.26 閣議でむつ小川原計画への核燃料サイクル施設の「上乗せ」を口頭了解。
86. 6. 2 海域の環境影響調査、強行スタート。
87. 5.26 ウラン濃縮施設の許可申請。
88. 4.27 低レベル廃棄物埋設施設の許可申請
8.10 ウラン濃縮施設に許可。
10. 7 ウラン濃縮施設の許可に異議申立て。
14 ウラン濃縮施設着工。
12.29 県農業者代表者大会で建設反対決議。
89. 3.30 再処理施設・高レベル廃棄物管理施設の許可申請。
7.13 ウラン濃縮施設の許可取り消し提訴。
90. 4.26 低レベル廃棄物埋設施設に係る公開ヒアリング。
11.15 低レベル廃棄物埋設施設に許可。
30 低レベル廃棄物埋設施設着工。
91. 1.10 低レベル廃棄物埋設施設の許可に異議申立て。
9.27 ウラン濃縮施設に原料ウラン初搬入。
10.30 再処理施設・高レベル廃棄物管理施設に係る公開ヒアリング。
11. 7 低レベル廃棄物埋設施設の許可取り消し提訴。
92. 3.27 ウラン濃縮施設が操業開始。
4. 3 高レベル廃棄物管理施設に許可。
5. 6 高レベル廃棄物管理施設着工。
29 高レベル廃棄物管理施設の許可に異議申立て。
6.17 ウラン濃縮施設、操業開始後初の事故停止。
7. 1 日本原燃サービスと日本原燃産業が合併し日本原燃設立。本社を青森市に。
12. 8 低レベル廃棄物埋設施設にドラム缶初搬入。
24 再処理施設に許可。
93. 2.19 再処理施設の許可に異議申立て。
4.28 再処理施設着工。
9.17 高レベル廃棄物管理施設の許可取り消し提訴。
11.18 ウラン濃縮施設から製品ウラン初出荷。
12. 3 再処理施設の許可取り消し提訴。
94. 2. 7 ウラン濃縮施設で制御系統の異常事故。
95. 4.26 高レベル廃棄物管理施設にフランスからの返還ガラス固化体初搬入。
10.18 青森県議会がITER誘致の意見書可決。
96. 9. 2 低レベル廃棄物埋設施設に雑固体廃棄物用施設を増設する計画を、日本原燃が県に報告。
98. 3.13 3回目の返還ガラス固化体搬入。県知事の接岸拒否で3日遅れ。
10. 2 試験用の使用済み燃料初搬入。直後に輸送容器データの捏造・改竄が判明。
99.12. 3 使用済み燃料貯蔵プールが使用前検査合格。
2000. 2.25 再処理施設に搬入された機器に部品欠落が発覚。
3. 3 ウラン濃縮工場の1生産ライン停止。以下、次々と停止。
12.19 再処理施設への使用済み燃料本格搬入はじまる。
01. 8.24 日本原燃が青森県、六ヶ所村にMOX燃料加工工場立地の協力申し入れ。
12.28 使用済み燃料プールでの7月からの漏水が判明。
02. 3.15 ウラン濃縮施設の許可取消訴訟で原告敗訴。
10.24 使用済み燃料貯蔵プールの漏水箇所をようやく特定。
11. 1 再処理工場の化学試験開始。
04.12.21 再処理工場のウラン試験開始。
05. 1.14 増設工事中の高レベル廃棄物管理施設で冷却性能の安全解析のミスが判明。再処理工場の付属施設でも。設計変更し改造。
6. 9 使用済み燃料プールでまた水漏れ。
06. 3.31 再処理工場のアクティブ試験開始。

プロブレムQ&A

V

資料

原子力長期計画／政策大綱に見る「再処理」

原子力長期計画：原子力の研究・開発及び利用に関する長期計画
政策大綱：原子力政策大綱

一九五六年長期計画

燃料要素の再処理については、極力国内技術によることとし、原子燃料公社をして集中的に実施せしめる。

わが国における将来の原子力の研究、開発および利用については、主として原子燃料資源の有効利用の観点から見て、増殖型動力炉がわが国の国情に最も適合すると考えられるので、その国産に目標を置くこととする。

一九六一年長期計画

使用済燃料の再処理については、将来原子力発電における燃料インベントリー、使用済燃料の輸送費節減等のために、さらには燃料サイクルの円滑な実施をはかるため、わが国においても早期にその方式を確立しておく必要がある。このような観点から前期一〇年の後半に完成を目標として原子燃料公社に再処理パイロットプラントを建設し、再処理の工業化試験を実施する。この再処理パイロットプラント建設に関する基礎的資料を得るため、日本原子力研究所に設置されるホット・ケーブを利用して両者協力のもとに溶媒抽出法に関する工学的試験研究を実施する。

使用済燃料を再処理して得られる劣化ウランは、将来相当の量に達するものと見込ま

燃料要素
核燃料のこと。

原子燃料公社
動力炉・核燃料開発事業団の前身。

増殖型動力炉
高速増殖炉に同じ。動力炉とは、発電炉や船舶の推進炉など、動力を取り出す炉をいう。

燃料インベントリー
原子炉で使用中の燃料と、交換用に準備されている燃料の総量。

前期一〇年
一九六一年の長期計画は、同年から一九八〇年までを対象とし、前期と後期それぞれ一〇年に分けている。

れており、これの再使用技術の開発は、燃料サイクル確立のために不可欠であり、その再使用の方式としては、増殖炉にブランケットとして使用する方法、再濃縮またはプルトニウム強化をして再使用する方式のほか、より高濃縮またはより低濃縮ウランと混合して所定の濃縮度を有するウランに調整して再使用する方式等が考えられる。これらの再使用方式について、その技術的可能性を明らかにするとともに、最も経済的な再使用方式を確立するため、原子燃料公社をして研究をすすめる。

プルトニウム燃料の開発は、燃料サイクルの基礎ともなるべき事項であるので、後期一〇年の前半において熱中性子炉への実用化を、後期一〇年の後半において高速中性子増殖炉への実用化を目標とし、原子燃料公社および日本原子力研究所の共同研究プロジェクトとして、強力に推進する。

一九六七年長期計画

動力炉の使用済燃料の再処理については、国内で行なうという原則のもとに、原子燃料公社による再処理工場の建設をはじめ、このために必要な措置を講ずるものとする。

原子力発電の現在の見とおしから推定される使用済燃料の排出量と、原子燃料公社で計画している再処理工場の処理能力から考えれば、昭和五〇年代中頃までには排出量が処理能力をこえ、昭和六〇年頃には。さらに年間一〇〇〇トン程度の処理能力が必要となると見こまれる。

このため、新たに再処理工場を建設する必要があり、その際、民間企業において行なわれることが期待される。

新たに建設される再処理工場の処理能力、建設時期、設置場所等は、需要増のみならず、今後の原子力発電所の出力と形式、その設置場所の分布、新再処理方式の開発の状

パイロットプラント
本格的工業生産に入る前の試験的生産工場。

ホットケーブ
放射性物質を扱う実験施設。

劣化ウラン
ここでは、現在ふつうに用いられている劣化ウラン（一二一ページ注）の意ではなく、回収ウラン＝減損ウラン（同）のこと。両者は英語では区別がなく、必ずしも整然と使い分けられていない。

ブランケット
高速増殖炉で、プルトニウムに変えるため燃料のまわりに置かれるウラン。ブランケット（毛布）でつつむようだとして、この名がある。

熱中性子炉
サーマルリアクター。高速中性子を減速した熱中性子を用いて核分裂の連鎖反応を維持する原子炉。

況等を考慮して決定されるべきである。

再処理事業は、大量の廃棄物の取扱い、貯蔵およびこれにともなう責任体制の問題、環境整備の必要性、使用済燃料の輸送の問題等、他の核燃料関連産業と異なる点が多いので、民間企業において再処理事業が行なわれる場合には、政府としても、とくにこれらの問題について適切な措置を講ずる必要がある。

プルトニウムは高速増殖炉に使用することが最も望ましいが、これが実用化されるまでには長期間を必要とするので、それまでの間は、在来型炉および新型転換炉など熱中性子炉において使用されることが期待される。このため、昭和五〇年頃までに熱中性子炉への利用の技術を確立して、その有効利用をはかる。

一九七二年長期計画

使用済燃料からウラン、プルトニウム等の有用核物質を分離抽出し、放射性廃棄物を安全に処理することは、核燃料の安定供給および安全確保の観点からとくに重要であり、また、現在国のプロジェクトとして開発がすすめられている新型動力炉にとっては、プルトニウムをリサイクルすることが不可欠となる。このため、核燃料サイクル確立の一環として再処理は国内で行なうことを原則とし、わが国における再処理事業を早急に確立するものとする。

現在、動力炉・核燃料開発事業団において建設中のわが国最初の再処理施設（最大処理能力年（二一〇トン）は昭和四九年度に操業を開始することとなっているが、わが国の使用済燃料の排出量は昭和五二年度頃にはこの処理能力を上まわり、昭和五五年度には年間約七〇〇トン、昭和六五年度には約二六〇〇トンに達する見とおしである。

再処理工場の建設には、長期間を要するので、動力炉・核燃料開発事業団の施設に続

在来型炉
すでに実用段階にあるとされる原子炉のこと。ここでは軽水炉（八五ページ注）に同じ。

新型動力炉
在来型炉に次ぐものとして開発中の動力炉。ここでは新型転換炉と高速増殖炉のこと。

く再処理工場の建設に早急に着手する必要があるが、第二工場以降の建設は動力炉・核燃料開発事業団の施設において得られた経験を生かして、民間において行なわれることを期待する。

再処理事業の安定操業のためには、スケールメリットを生かすことが重要なので、電気事業者を含む関係業界において早急に協調体制の確立をすすめることが望まれる。

再処理工場の建設には多額の資金と長期の日時を必要とし、また、立地や放射性廃棄物の処分について困難な問題が少なくない。

このため、政府としては、以下の諸施策を講じわが国における再処理事業の育成をはかることが必要である。

①再処理工場の建設を容易ならしめるため、所要の資金的措置を講ずることとする。

②再処理工場の立地にあたっては、必要に応じて周辺環境の整備を行なうなど積極的な措置を講ずるものとする。

③環境に放出される放射性廃棄物を極力少なくするために必要な研究開発は、動力炉・核燃料開発事業団および日本原子力研究所が中心となって積極的に行なうこととする。

わが国におけるプルトニウムの生成量は昭和五五年度には累積で約一三トン、昭和六〇年度には約四五トンになると見込まれる。これに対してプルトニウムの需要は研究用として昭和六〇年度までに数トンが予想されるのみで、昭和六〇年度までに約四〇トンの余剰プルトニウムが生ずることとなり、世界的にも昭和六〇年度には米国で二百数十トン、欧州で百数十トン程度累積すると見込まれる。熱中性子炉から生成されたこれらの余剰プルトニウムの利用については、高速増殖炉の初装荷燃料に備えて貯蔵するか、あるいは熱中性子にリサイクルするかの問題があるが、世界の大勢は当分は後者にあるとみられる。

プルトニウムの核的性質からは、これを高速増殖炉に使用するのが最も有効である

第二工場

いま「第二再処理工場」と言えば、六ヶ所再処理工場の次の「民間第二再処理工場」を指すが、ここでは東海再処理工場に次ぐ第二工場の意。すなわち現在の六ヶ所再処理工場のこと。

初装荷燃料

原子炉を最初に動かすために入れられる燃料。

が、高速増殖炉の実用化の時期、その導入規模、プルトニウムの貯蔵技術等との関連でプルトニウム貯蔵の経済性については種々不確定要素がある。これに対しプルトニウムを軽水炉にリサイクルする場合は天然ウランおよび濃縮ウランの所要量をそれぞれ一五％程度節減できるとみられるので、大量のウラン資源および濃縮ウランの確保をせまられているわが国としては、プルトニウムを軽水炉燃料として役立てることが必要である。

一九七八年長期計画

原子力発電所からの使用済燃料を、計画的かつ安全に再処理するとともに、回収されたウラン及びプルトニウムを再び核燃料として利用することは、ウラン資源に乏しい我が国にとって、必要不可欠である。このため、核燃料サイクル確立の一環として、再処理は国内で行うことを原則とし、我が国における再処理体制を早急に確立することとする。

このような基本的考えのもとに、東海再処理施設の運転を通じ、我が国における再処理技術の確立を図るとともに、再処理需要の一部を賄うものとする。さらに、今後増大する再処理需要に対処するため、より大規模な再処理施設、いわゆる第二再処理工場を建設するものとする。この第二再処理工場は、本格的な商業施設として、その建設・運転は、電気事業者を中心とした民間が行うものとし、昭和六五年頃の運転開始を目途に、速やかに建設に着手することが必要である。

このため、関係法令の整備、立地対策の推進等必要な措置を講ずるとともに、再処理技術の改良等の研究開発を進め、また、環境に放出される放射性物質をできる限り少なくするために必要な技術、高レベル放射性廃棄物処理処分技術等の関連技術の研究開発

第二再処理工場

前ページの第二工場に同じく、ここでは現在の六ヶ所再処理工場のこと。

を推進するものとする。

　また、再処理施設の建設計画を進めるに当たっては、核物質防護等の見地から、同一敷地内にプルトニウム燃料の加工、高レベル放射性廃棄物処理等の施設を建設する立地方式（いわゆるコ・ロケーション方式）の採用も考慮する必要がある。なお、第二再処理工場の運転開始までの措置としては、海外への委託によって対処するものとする。

　一方、昭和五二年の東海再処理施設の運転に関する日米原子力交渉等にみられるように、核不拡散強化の見地から、我が国の再処理について厳しい国際的要求があり、また、INFCEでは、現行の再処理技術、代替再処理技術（混合抽出、部分再処理等）多数国間あるいは地域的な再処理センター等の制度的代替案等、広い範囲にわたって再処理の評価を行っている。我が国としては、この際、より有効な保障措置技術の開発等、核不拡散に貢献し得るような技術の研究開発を進め、これらの検討に積極的に協力する一方、再処理を中心とした自主的核燃料サイクルの早期確立を図るという我が国の基本的考え方を、国際的に強く主張していくこととする。

　再処理によって回収されるプルトニウムの利用については、将来実用化される高速増殖炉への利用が最も有効であるが、ウラン資源に乏しい我が国としては、その実用化までの間、プルトニウムを熱中性子炉にリサイクルすることにより、天然ウラン及び濃縮ウランの所要量の軽減を図ることが重要な課題である。このため、新型転換炉の原型炉の運転等を通じ、プルトニウム利用のための実証を行うとともに、軽水炉へのプルトニウムリサイクルについての実証試験を進めるものとする。

　プルトニウムの利用に当たっては、その安全性の確保に万全を期する必要があるため、生物学的安全性の研究を一層推進するとともに、核不拡散の見地からより効果的な核物質防護及び保障措置を実施するため、これに必要な研究開発、制度面の検討を進めるものとする。

コ・ロケーション方式
　複数の施設を同じ敷地内に建設する方式。

INFCE
　国際核燃料サイクル評価の略称。一九七九年から一九八〇年にかけて、核不拡散を強く求めるカーター米大統領の提唱で行なわれた国際会議だが、各国の合意は得られなかった。

一九八二年長期計画

使用済燃料から回収されるプルトニウム及びウランは、国産エネルギー資源として扱うことができ、この利用によりウラン資源の有効利用が図れるとともに、原子力発電に関する対外依存度を低くすることができるので、以下の方針に沿ってこれらを積極的に利用していくものとする。

使用済燃料は再処理することとし、プルトニウム利用の主体性を確実なものとする等の観点から、原則として再処理は国内で行う。

再処理によって得られるプルトニウムについては、消費した以上のプルトニウムを生成することができ将来の原子力発電の主流となると考えられる高速増殖炉で利用することを基本的な方針とし、二〇一〇年頃の実用化を目標に高速増殖炉の開発を進める。

しかしながら、高速増殖炉の実用化までの間及びそれ以降においてもその導入量によっては、相当量のプルトニウムの蓄積が予想される。このため、資源の有効利用、プルトニウム貯蔵に係る経済的負担の軽減、核不拡散上の配慮等の観点から、プルトニウムを熱中性子炉の燃料として利用する。熱中性子炉としては、プルトニウムはもちろん減損ウラン及び劣化ウランをも燃料として有効かつ容易に利用できる新型転換炉を発電体系に組み入れることができるよう開発を進め、さらに、発電用原子炉としては広く利用されている軽水炉によるプルトニウム利用を図る。この両者については、いずれもできる限り早期に実用規模での技術的実証を行うとともに経済的見通しを得ることが必要であり、一九九〇年代中頃までには、その実証を終了し実用化を目指す。

我が国における使用済燃料の再処理需要量は、原子力発電の将来規模からみて、一九九〇年には約一〇〇〇トン／年、二〇〇〇年には約二三〇〇トン／年と見込まれる。

プルトニウム貯蔵に係る経済的負担の軽減

海外再処理工場でのプルトニウム貯蔵料金は明らかにされていないが、この記述から、かなりの額になると推定される。

使用済燃料の再処理は、プルトニウム利用を進める上でのかなめとして重要であるばかりでなく、使用済燃料に含まれる放射性廃棄物を適切に管理・処分するという観点からも重要である。現在のところ、この再処理については大部分を海外への委託によって対応しているが、再処理は国内で行うとの原則の下に、既に稼働中の動力炉・核燃料開発事業団東海再処理工場に加えて民間再処理工場を建設し、将来の再処理需要を満たしていくものとする。このため、当面年間再処理能力一二〇〇トンの民間再処理工場の建設を促進するとともに、さらに将来の需要の伸びに対応する再処理計画についても今後検討していくこととする。

東海再処理工場においては、安定した運転実績を積み重ねるとともに、運転管理システムの改良、設備の改善等に努めることとする。

現在、民間において一九九〇年頃の運転開始を目途に建設計画が進められている再処理工場は、自主的な核燃料サイクルを確立する上で重要である。国としても、再処理施設の大型化に対応するために必要となる再処理主要機器に関する技術の実証、さらに、プラントの安全性・信頼性の向上、環境への放射能放出低減化、保障措置の信頼性向上等に関する技術面における支援を行うこととする。その際、動力炉・核燃料開発事業団は、蓄積された再処理技術に関する経験が同工場の設計、建設及び運転に有効に利用できるよう円滑な技術移転を図るとともに、技術開発面における協力を行っていくものとする。また、国は、同工場の立地の確保が円滑に進むよう支援するとともに、資金調達等についても適切な支援を行っていくこととする。

一九八七年長期計画

我が国においては、ウラン資源を有効に利用し、原子力発電の供給安定性を高めるため、長期的に、安全性及び経済性を含め軽水炉によるウラン利用に勝るプルトニウム利用体系の確立を目指すこととする。すなわち、使用済燃料は再処理し、プルトニウム及び回収ウランを利用していくことの考え方「再処理―リサイクル路線」を基本として、これに沿って着実、かつ、段階的に開発努力を積み重ねることとする。その際、原子力開発利用を厳に平和利用に限って推進している我が国としては、核不拡散上の国際的責務を一層強く認識し、核不拡散対応について更に努力を傾注していくこととする。

プルトニウムの利用形態に関しては、増殖するという点で本質的な特色を期し、ウラン資源の利用効率で圧倒的に優れている高速増殖炉での利用を基本とする。したがって、高速増殖炉は将来の原子力発電の主流とすべきものとして開発を進めることとする。すなわち、炉型戦略としては「軽水炉から高速増殖炉へ」を基本とする。

将来の高速増殖炉時代に必要なプルトニウム利用に係る広範な技術体系の確立、長期的な核燃料サイクルの総合的な経済性の向上等を図っていくため、できる限り早期に軽水炉及び新型転換炉において一定規模でのプルトニウム利用を進める。

使用済燃料年間発生量は、二〇〇〇年において、少なくとも一一〇〇トン程度と見込まれ、二〇三〇年では、二〇〇〇トンを超えると想定される。

使用済燃料の再処理は、ウラン資源の有効利用を進め、原子力発電に関する対外依存度の低減を図り、原子力によるエネルギー安定供給の確立を目指す上で極めて重要である。なお、使用済燃料に含まれる放射性廃棄物の適切な管理という観点からも重要である。

このため、使用済燃料は再処理し、プルトニウム及び回収ウランの利用を進めることを基本とし、プルトニウム利用の自主性を確実なものとする等の観点から、再処理は国内で行うことを原則とする。

海外再処理委託については、内外の諸情勢を総合的に勘案しつつ、慎重に対処することとする。

再処理技術については、核燃料サイクル全般にわたる総合的な経済性の向上を図り、軽水炉によるウラン利用に勝るプルトニウム利用体系を構築していくことを基本に今後とも関連の技術開発を積極的に進め、できる限り早期に自主的な技術として、その確立を図るものとする。

できる限り早期に一定規模のプルトニウムリサイクルを実現することは、将来の高速増殖炉時代に必要なプルトニウム利用に係る広範な技術体系の確立、長期的な核燃料サイクルの総合的な経済性の向上等の観点から重要であり、このため、既に稼働中の動力炉・核燃料開発事業団の東海再処理工場の安定的な運転を進めるとともに、一九九〇年代半ば頃の運転開始を目途に青森県六ヶ所村において計画がすすめられている年間再処理能力八〇〇トンの民間第一再処理工場の円滑な建設・運転を推進することとする。

民間第二再処理工場については、今後のプルトニウム需要動向等を勘案し、その具体化を進めることとするが、同工場は、自主的な技術によって、経済性のより優れたものとして建設されることが重要であり、これを達成すべく、長期的な視点に立脚し、二〇一〇年頃の運転開始を目途に、研究開発の推進等を総合的に進めるものとする。

民間第一再処理工場の建設・運転は、自主的な核燃料サイクルを確立していく上で極めて大きな意味を有しており、官民挙げて同工場の円滑な建設・運転に万全を期していくことが必要である。同工場の主工程技術については、海外からの技術導入によるとの方針で建設準備が進められているが、導入技術の信頼性に対する評価を行うとともに、導入技術の国内への着実な定着を図ることが重要である。

このため、民間事業主体は、関連メーカーと一体となって、必要な実規模確証試験を実施するとともに、実条件下でのデータ取得が必要な場合には、ホット試験について動力炉・核燃料開発事業団等の施設を活用し実施する。また、動力炉・核燃料開発事業団においては、東海再処理工場の建設・運転等によって得られた再処理技術、再処理関連施設等を活用し、技術開発、コンサルティング等の協力を行うものとする。国としても、施設の安全性・信頼性の向上、環境への放射能放出低減化、保障措置の信頼性向上等に関する支援及び民間第一再処理工場の円滑な立地のための支援を行うとともに、資金調達等についても適切な支援を行っていくこととする。

動力炉・核燃料開発事業団においては、東海再処理工場の運転等を通じ、所要の研究開発を進め、我が国における再処理技術の基盤の強化を図ることとする。

なお、東海再処理工場については、その運転を通じて得られる経験・知見を民間第一工場の建設・運転に適格に反映させていくとともに、同工場の運転開始に伴い、再処理需要を賄うという役割は次第に減少していくと考えられ、技術開発に重点を移した役割を担わせていくことが望ましいと考えられるので、この方向に沿って、長期的に見た東海再処理工場の在り方について、検討を進めるものとする。

また、日本原子力研究所においては、再処理に関する安全研究を行うとともに、基礎的研究を進めるものとする。

再処理により得られる回収ウランについては、これを利用することとし、当面は一時貯蔵を行いつつ、その利用方策を確定するため、MOX燃料の母材として利用する方法、再濃縮による方法及び濃縮ウランとの直接ブレンディングによる方法について、具体的利用のための検討を進めることとする。

国内における再処理能力を上回る使用済燃料については、再処理されるまでの間適切に貯蔵・管理する。

一九九四年長期計画

使用済燃料の年間発生量は、二〇〇〇年、二〇一〇年、二〇三〇年において、それぞ

母材

ここでは、プルトニウムと混ぜてMOX燃料の材料とすること。

れ八〇〇～一〇〇〇トン、一〇〇〇～一五〇〇トン、一五〇〇～二三〇〇トンと予想されますが、我が国は、使用済燃料は再処理し、回収したプルトニウムやウランを利用することを基本としており、核燃料リサイクルの自主性を確実なものとするなどの観点から、再処理を国内で行うことを原則とします。なお、海外再処理委託については、国内外の諸情勢を総合的に勘案しつつ、慎重に対処することとします。

東海再処理工場は、安定運転を進め、六ヶ所再処理工場の操業開始まで再処理需要の一部を賄うとともに、同工場の操業開始以降は、軽水炉ＭＯＸ使用済燃料、新型転換炉使用済燃料、高速増殖炉使用済燃料等の再処理のための技術開発の場として活用していきます。

現在建設中の六ヶ所再処理工場（年間処理能力八〇〇トン）については、二〇〇〇年過ぎの操業開始を目指すこととし、その順調な建設、運転により商業規模での再処理技術の着実な定着を図っていきます。

民間第二再処理工場は、核燃料サイクルの本格化時代において所要の核燃料の供給を担うものとして重要な意義を持っています。同工場は、六ヶ所再処理工場の建設・運転経験や国内の今後の技術開発の成果を踏まえて設計・建設することを基本とし、軽水炉ＭＯＸ燃料等も再処理が可能なものとするとともに優れた経済性を目指すこととします。その建設計画については、プルトニウムの需給動向、高速増殖炉の実用化の見通し、高速増殖炉使用済燃料再処理技術を含む今後の技術開発の進展等を総合的に勘案する必要があり、六ヶ所再処理工場の計画等を考慮して、二〇一〇年頃に再処理能力、利用技術などについて方針を決定することとします。

研究用原子炉等の使用済燃料については、再処理又は長期保管することとし、その具体的方策について関係機関で検討を進めていきます。

使用済燃料は、プルトニウムや未燃焼のウランを含む準国産の有用なエネルギー資源の一つと位置付けられることから、国内の再処理能力を上回るものについては、エネルギー資源の備蓄として、再処理するまでの間、適切に貯蔵・管理することとします。これらは、当面は発電所内で従来からの方法で貯蔵することを原則としますが、貯蔵の見通しを勘案して将来的な貯蔵の方法等についても検討を進めます。

また、今後、軽水炉によるＭＯＸ燃料等の利用に伴って発生する使用済燃料についても、再処理するまでの間、発電所内で適切に貯蔵・管理します。

我が国は、核燃料リサイクルを推進するに当たって、余剰のプルトニウムを持たないとの原則の下、プルトニウム利用計画を具体的に明らかにし、その透明性を高めていくこととしています。

我が国の今後のプルトニウム需給見通しについては、計画の進捗状況によって変わり得るものですが、現時点での各々の計画の見通しに沿って試算をすれば次のとおりになります。なお、プルトニウム量は核分裂性プルトニウム量です。

〈国内再処理によって回収されるプルトニウム〉

我が国の国内再処理によって回収されるプルトニウムの需給見通しに関しては、六ヶ所再処理工場が操業を開始する以前について、動力炉・核燃料開発事業団が所有する高速増殖原型炉「もんじゅ」等の研究開発用に約〇・六トン／年の需要に対し、東海再処理工場で回収されるプルトニウム量は約〇・四トン／年で、単年毎に見れば、国内的には需要が供給を上回る状態が続くことになります。なお、一九九〇年代末までの累積需給については、東海再処理工場からのプルトニウムと既に海外から返還されているプルトニウムを合わせた約四トンが、高速増殖原型炉「もんじゅ」等の研究開発用に使用されます。

六ヶ所再処理工場が本格的に操業される二〇〇〇年代後半の段階においては、動力炉・核燃料開発事業団が所有する高速増殖原型炉「もんじゅ」等の研究開発用などの約〇・八トン／年の需要に、高速増殖実証炉の約〇・七トン／年、新型転換実証炉の約〇・五トン／年及び軽水炉によるＭＯＸ燃料利用の約三トン／年が加わり、合計で約五トン／年の需要となり、供給は六ヶ所再処理工場からの約四・八トン／年及び研究開発を中心とする東海再処理工場からの〇・二トン／年の合計約五トン／年となります。なお、二〇〇〇年から二〇一〇年の間に国内で回収されるプルトニウムは、六ヶ所再処理工場と東海再処理工場をあわせて約三五～四五トンとなり、これは、高速増殖炉、新型転換炉等の研究開発用に約一五～二〇トン及び軽水炉ＭＯＸ燃料用に約二〇～二五トンが使用されます。

〈海外再処理によって回収されるプルトニウム〉

我が国の電気事業者と英仏の再処理事業者の再処理契約によって、二〇一〇年頃までにはプルトニウムが順次回収されるとともに、我が国の核燃料リサイクル計画に沿って、その全量が順次返還され使用されます。既契約の使用済燃料から推算すると、回収されるプルトニウムは累積量で約三〇トンと見込まれますが、これらは、基本的には、海外において軽水炉ＭＯＸ燃料に加工された後、我が国に返還輸送して軽水炉で利用されることとなります。なお、六ヶ所再処理工場が本格的に運転を開始する以前において、高速増殖炉、新型転換炉等の研究開発用の国内のプルトニウムが若干不足することが予想されます。この場合には、海外再処理によって回収されるプルトニウムのうち、数トン程度は研究開発用に用いられることとなります。

実際の核燃料リサイクル計画を円滑に進めるに当たっては適切なランニングストックは必要ですが、以上のように、我が国の今後の核燃料リサイクル計画に基づくプルトニウムの需給はバランスしており、余剰のプルトニウムは持たないとの原則に沿ったものとなっています。

我が国としては、今後ともこの原則を厳守していることを内外に示していきます。

二〇〇〇年長期計画

原子力発電は現在、我が国のエネルギー供給システムを経済性、供給安定性及び環境適合性に優れたものとすることに貢献しているが、核燃料サイクル技術は、これらの特性を一層改善し、原子力発電を人類がより長く利用できるようにする可能性を有する。例えば、使用済燃料を直接処分せず、再処理してプルトニウムとウランを回収して燃料として利用する技術は、高いレベルの放射能を有する物質を化学処理してプルトニウム等を分離するという特徴を踏まえた安全管理及び核物質管理が可能な設備が必要となるため所要設備投資が大きくなるが、ウラン資源の消費を節約することができ、安定供給に優れているという原子力発電の特性を一層改善させる。したがって、我が国がおかれた地理的、資源的条件を踏まえれば、安全性と核不拡散性を確保しつつ、また、経済性に留意しながら、使用済燃料を再処理し回収されるプルトニウム、ウラン等を有効利用していくことを基本とすることは適切である。また、高速増殖炉及び関連する核燃料サイクル技術（以下、「高速増殖炉サイクル技術」という。）は、ウランの利用効率を飛躍的に高めることができ、将来実用化されれば、現在知られている技術的、経済的に利用可能なウラン資源だけでも数百年にわたって原子力エネルギーを利用し続けることができる可能性や、高レベル放射性廃棄物中に残留する放射能を少なくして環境負荷を更に低減させる可能性を有するものであり、不透明な将来に備え、将来のエネルギーの有力な選択肢を確保しておく観点から着実にその開発に取り組むことが重要である。その際、その技術の開発のための基礎的研究と実用化に時間を要することを考慮しつつ、我が国のみならず、世界のエネルギー問題の解決にも寄与することを視野に入れ、我が国独自の長期構想の下に、その研究開発に取り組むことが重要で

である。

なお、使用済燃料を再処理しプルトニウム利用を進めるに当たっては、その安全性や核拡散への懸念、経済性や研究開発投資の効率性への疑問などが指摘されているので、その安全確保に万全を期し、供給安定性の確保を重視する考え方について理解されるよう説明に努めるとともに、さらに、我が国の原子力平和利用堅持の理念及び体制を世界に発信しつつプルトニウム利用政策についての国際的理解促進活動を積極的に進めることが重要である。また、高速増殖炉サイクル技術の研究開発に当たっては、資金の効率的利用に努めるとともに、これらの観点を含め適時適切な評価を行い、その結果を国民に示しつつ進めていくことが重要である。そして、これらの取組を通じプルトニウム利用に対する内外の理解を得ていくよう努めることが必要である。

我が国においては、軽水炉の使用済燃料はこれまで、核燃料サイクル開発機構の東海再処理施設に委託された一部を除いて、海外の再処理事業者に委託され再処理されてきた。この間に、民間事業者は、国内におけるその需要の動向等を勘案し、核燃料サイクル開発機構の東海再処理施設の運転経験を踏まえつつ、海外の再処理先進国の技術、経験を導入して、六ヶ所再処理工場を計画し、現在、二〇〇五年の操業開始に向けて建設を進めている。

我が国は、核燃料サイクルの自主性を確実にするなどの観点から、今後、使用済燃料の再処理は国内で行うことを原則としており、民間事業者は、我が国に実用再処理技術を定着させていくことができるよう、この我が国初の商業規模の再処理工場を着実に建設、運転していくことが期待される。なお、この再処理工場や中間貯蔵の事業が計画に従って順調に進捗していく限り、海外再処理の選択の必要性は低いと考えられる。また、この問題については、国際輸送に伴う沿岸諸国の動向を考慮することが重要である。

核燃料サイクル開発機構は、現在、東海再処理施設において、従来の再処理に加え、

国際輸送に伴う沿岸諸国の動向

日本から英仏への使用済み燃料の輸送、英仏から日本へのプルトニウムや高レベル廃棄物の輸送に際し、ルート上の各国から安全性への強い懸念や輸送反対が表明されている。

高燃焼度燃料や軽水炉使用済ＭＯＸ燃料等の再処理技術の実証試験等を行うこととしており、これらの成果は将来に重要な貢献をもたらすと考えられるので、成果について段階的に評価を受けながら実施することが必要である。六ヶ所再処理工場に続く再処理工場は、これらの研究開発の成果も踏まえて優れた経済性を有し、ウラン使用済燃料の再処理を行うだけでなく、高燃焼度燃料や軽水炉使用済ＭＯＸ燃料の再処理も行える施設とすることが適当と考えられるが、さらに、今後の技術開発の進歩を踏まえて、高速増殖炉の使用済燃料の再処理も可能にすることも考えられる。したがって、この工場の再処理能力や利用技術を含む建設計画については、六ヶ所再処理工場の建設、運転実績、今後の研究開発及び中間貯蔵の進展状況、高速増殖炉の実用化の見通しなどを総合的に勘案して決定されることが重要であり、現在、これらの進展状況を展望すれば、二〇一〇年頃から検討が開始されることが適当である。

海外再処理委託及び国内再処理工場で回収されるプルトニウムは、当面のところ、プルサーマル及び高速増殖炉等の研究開発において利用される。研究開発に用いられるプルトニウムの需要は、関連する研究開発計画及びその進捗状況によって変動する可能性があるが、その場合においてもプルトニウム需給の全体を展望しつつ、柔軟かつ透明な利用を図ることとする。

使用済燃料の中間貯蔵は、使用済燃料が再処理されるまでの間の時間的な調整を行うことを可能にするので、核燃料サイクル全体の運営に柔軟性を付与する手段として重要である。我が国においては一九九九年に中間貯蔵に係わる法整備が行われ、民間事業者は二〇一〇年までに操業を開始するべく準備を進めているところである。今後は、中間貯蔵を適切に運営、管理することができる実施主体が、安全の確保を大前提に、事業を着実に実現していくことが期待される。

二〇〇五年政策大綱

我が国における原子力発電の推進に当たっては、経済性の確保のみならず、循環型社会の追究、エネルギー安定供給、将来における不確実性への対応能力の確保等を総合的に勘案するべきである。そこで、これら一〇項目の視点からの各シナリオの評価に基づいて、我が国においては、核燃料資源を合理的に達成できる限りにおいて有効に利用することを目指して、安全性、核不拡散性、環境適合性を確保するとともに、経済性にも留意しつつ、使用済燃料を再処理し、回収されるプルトニウム、ウラン等を有効利用することを基本的方針とする。使用済燃料の再処理は、核燃料サイクルの自主性を確実なものにする観点から、国内で行うことを原則とする。

国は、核燃料サイクルに関連して既に「原子力発電における使用済燃料の再処理等のための積立金の積立て及び管理に関する法律」等の措置を講じてきているが、今後ともこの基本的方針を踏まえて、効果的な研究開発を推進し、所要の経済的措置を整備するべきである。事業者には、これらの国の取組を踏まえて、六ヶ所再処理工場及びその関連施設の建設・運転を安全性・信頼性の確保と経済性の向上に配慮し、事業リスクの管理に万全を期して着実に実施することにより、責任をもって核燃料サイクル事業を推進することを期待する。それら施設の建設・運転により、我が国における実用再処理技術の定着・発展に寄与することも期待する。

軽水炉使用済燃料の再処理については、これまで日本原子力研究開発機構（日本原子力研究所と核燃料サイクル開発機構との統合による独立行政法人（二〇〇五年一〇月設立））の東海再処理施設に委託された一部を除いて、海外の再処理事業者に委託されてきた。この間、事業者が六ヶ所再処理工場の建設を進めてきており、当初の計画より遅れているものの、現在、二〇〇七年度の操業開始を目途に、施設試験の実施段階に至っ

再処理等のための積立金

二〇三五年度までに発生する使用済み燃料の再処理が対象で、再処理工場の操業終了予定は二〇四七年度だが、操業に伴って発生する放射性廃棄物の処分場の閉鎖後のモニタリングが終了する二三六九年度まで支出は続く計画とされている。

ている。回収されたプルトニウムについては、軽水炉で混合酸化物（ＭＯＸ）燃料として利用すること（プルサーマル）が、原子力発電の燃料供給の安定性向上や将来の核燃料サイクル分野における本格的資源リサイクルに必要な産業基盤・社会環境の整備に寄与するものとして、電気事業者により計画されている。電気事業者は、海外委託再処理により回収されるプルトニウムは海外において、また、六ヶ所再処理工場で回収されるプルトニウムは国内において、それぞれＭＯＸ燃料に加工するものとし、国内のＭＯＸ燃料加工工場については、二〇一二年度操業開始を目途に施設の建設に向けた手続きを進めている。一九九九年に発覚した英国核燃料会社（ＢＮＦＬ）の品質管理データ改ざん問題を始めとする不祥事等により、電気事業者の示したこの計画の実現は遅れている。ただし、最近に至り、いくつかの電気事業者が、その実施に向けての原子炉設置変更許可申請を行うなどの進展がみられる。

　高速増殖炉については、軽水炉核燃料サイクル事業の進捗や「高速増殖炉サイクルの実用化戦略調査研究」、「もんじゅ」等の成果に基づいた実用化への取組を踏まえつつ、ウラン需給の動向等を勘案し、経済性等の諸条件が整うことを前提に、二〇五〇年頃から商業ベースでの導入を目指す。なお、導入条件が整う時期が前後することも予想されるが、これが整うのが遅れる場合には、これが整うまで改良型軽水炉の導入を継続する。

　使用済燃料の中間貯蔵は、使用済燃料が再処理されるまでの間の時間的な調整を行うことを可能にするので、核燃料サイクル全体の運営に柔軟性を付与する手段として重要であり、現在、事業者が操業に向け施設の立地を進めている。

　中間貯蔵された使用済燃料及びプルサーマルによって発生する軽水炉使用済ＭＯＸ燃料の処理の方策は、六ヶ所再処理工場の運転実績、高速増殖炉及び再処理技術に関する研究開発の進捗状況、核不拡散を巡る国際的な動向等を踏まえて二〇一〇年頃から検討を開始する。この検討は使用済燃料を再処理し、回収されるプルトニウム、ウラン等

改良型軽水炉

現在の改良型沸騰水型炉（ＡＢＷＲ）、改良型加圧水型炉（ＡＰＷＲ）に次ぐ新型炉の開発が想定されている。

処理の方策

「再処理」と明記されていない点について策定会議で質問された近藤駿介原子力委員長は「中間貯蔵をさらに続けるということもあり得る」と答えている。「第二再処理工場」とも明記されておらず、「処理のための施設」である。

を有効利用するという基本的方針を踏まえ、柔軟性にも配慮して進めるものとし、その結果を踏まえて建設が進められるその処理のための施設の操業が六ヶ所再処理工場の操業終了に十分に間に合う時期までに結論を得ることとする。

国、研究開発機関、事業者等は、長期的には、技術の動向、国際情勢等に不確実要素が多々あることから、それぞれに、あるいは協力して、状況の変化に応じた政策選択に関する柔軟な検討を可能にするために使用済燃料の直接処分等に関する調査研究を、適宜に進めることが期待される。

私たちは、六ヶ所再処理工場を動かさないよう訴えます。

いま、青森県六ケ所村で、

使用済み核燃料「再処理工場」の試運転が行なわれています。

これは、原子力発電所で燃された後の核燃料を硝酸の液に溶かし、燃え残りのウランとプルトニウムを、高レベル放射性廃棄物と分けて取り出す工場です。すでに試運転を実施中で、来年八月には本格操業に入る計画とされています。

放射能のリサイクルはごめんです。

再処理工場は、ウランとプルトニウムを回収して、ふたたび発電に利用する「リサイクル」のためのものといわれています。とはいえ、プルトニウムをつかった発電（プルサーマル）は、ふつうの原子力発電よりさらに危険です。このため、反対の声が大きく、未だに実現していません。ウランについては、本格的な利用の計画すらありません。

それでも再処理をやめずに、使いみちのないプルトニウムをつくり出せば、「日本は核武装をするつもりか」と疑いの目でみられ、また、核開発をめざす国が再処理を行なう口実に「日本もやっているのだから」とつかわれることにもなります。

使えないものをつくる必要はないのです。

再処理工場が一日動くと、原子力発電所一年分の放射能が出るといわれています。ふだんから地域を汚染し、いったん大事故が発生すれば、地球規模の被害をもたらします。

この再処理工場の総事業費は、十二兆円にものぼると試算されています。いま運転を中止すれば、三分の一くらいですむでしょう。それでもたいへんな額ですが、危険なことは一刻も早くやめるのが賢明というものです。

事業をつづければ、さらに巨額の費用がかかり、働く人を被曝させ、地域を放射能で汚し、大事故ばかりか核拡散の危険をつくり、将来に禍根を残します。

六ヶ所再処理工場の運転をただちに止めることこそ、将来の平和を保証し、子どもたちを守ることなのです。

二〇〇六年十二月

六ヶ所再処理工場を動かさないアピール連名者（肩書は原則としてご本人によります）

青木孝充（音楽家）
天笠啓祐（ジャーナリスト）
鮎川ゆりか（ＷＷＦジャパン、気候変動グループ長）
飯田哲也（環境エネルギー政策研究所所長）
池内了（総合研究大学院大学教授）
石川文洋（報道カメラマン）
石田雄（政治学研究者）
石橋克彦（神戸大学都市安全研究センター）
石牟礼道子（作家）
市川定夫（埼玉大学名誉教授）
伊藤成彦（中央大学名誉教授）
井野博満（金属材料研究者）
今井一（ジャーナリスト）
今村修（原水爆禁止青森県民会議代表）
色平哲郎（佐久総合病院内科医）
岩松繁俊（原水爆禁止日本国民会議議長／長崎大学名誉教授）
上野千鶴子（社会学者）
宇沢弘文（経済学者）
梅林宏道（ピースデポ代表）
大貫妙子（音楽家）
岡田幹治（フリーライター）
奥平康弘（憲法学者／東京大学名誉教授）
小田実（作家）
Ｏｔｏ（音楽活動家）
小野有五（北海道大学地球環境科学研究院教授）
小原秀雄（日本環境会議代表理事）
勝俣誠（明治学院大学教授）
加藤幸子（作家）
加納美紀代（敬和学園大学教員）
鎌倉孝夫（埼玉大学名誉教授）
鎌田慧（ルポライター）
川崎哲（ピースボート共同代表）
神田香織（講談師）
櫛渕万里（ピースボート事務局長）
桑原茂一（フリーペーパー・ディクショナリー編集長）

小出昭一郎（東京大学名誉教授）
小出裕章（京都大学原子炉実験所助手）
河野直践（茨城大学教員）
小中陽太郎（日本ペンクラブ）
小林直樹（憲法学者／東京大学名誉教授）
小室等（ミュージシャン）
斎藤次郎（教育評論家）
斎藤千代（あごら事務局）
サエキけんぞう（作詞家／プロデューサー）
坂本龍一（音楽家）
佐高信（評論家）
椎名和夫（音楽家）
志賀理江子（写真家）
shing02（音楽家）
信藤三雄（アートディレクター／映画監督）
新藤宗幸（千葉大学教授）
杉浦克昭（ピーコ・ファッション評論家）
杉浦孝昭（おすぎ・映画評論家）
祐真朋樹（スタイリスト／写真家）
鈴木茂（編集者）
須田春海（市民活動全国センター）
高杉晋吾（ドキュメント作家）
高橋健太郎（音楽家／音楽評論家）
瀧本幹也（写真家）
田島征三（画家）
田中三彦（著述業）
田中優（未来バンク代表）
谷崎テトラ（構成作家／音楽家）
月本裕（作家）
辻信一（明治学院大学教授／ナマケモノ倶楽部世話人）
土本典昭（記録映画作家）
常石敬一（神奈川大学教員）
戸田清（長崎大学環境科学部助教授）
富山洋子（日本消費者連盟代表運営委員）
豊崎博光（フォトジャーナリスト）
中尾ハジメ（京都精華大学教員）
中川李枝子（作家）
中地重晴（環境監視研究所）
中村敦夫（俳優／作家）
西健一（ゲームクリエーター／ディレクター）
西尾漠（原子力資料情報室共同代表）
野田知佑（カヌーイスト／作家）
橋本勝（風刺マンガ家）
羽田澄子（記録映画作家）
早坂暁（脚本家）
林光（音楽家）
林洋子（クラムボンの会）
ピーター・バラカン（ブロードキャスター）
伴英幸（原子力資料情報室共同代表）

樋口健二（フォトジャーナリスト）
筆宝康之（立正大学教授）
飛矢崎雅也（日本政治思想史研究）
広河隆一（デイズジャパン編集長／フォトジャーナリスト）
広瀬隆（文筆業）
福山真劫（原水爆禁止日本国民会議事務局長）
藤井絢子（滋賀県環境生活協同組合理事長）
藤田祐幸（慶応大学教員）
藤原英司（エルザ自然保護の会会長）
保木本一郎（国学院大学教授）
星川淳（グリーンピース・ジャパン事務局長）
星崎いつき（フリーライター）
星野芳郎（技術評論家）
細川弘明（京都精華大学環境社会学科教授）
前田哲男（ジャーナリスト）
松崎早苗（環境と健康リサーチ）
松武秀樹（音楽家）
三浦光世（三浦綾子記念文学館館長）
水口憲哉（東京海洋大学名誉教授）
宮内泰介（北海道大学教員）
村田光平（東海学園大学教授）
室田武（同志社大学大学院経済研究科教授）
毛利子来（小児科医）
本尾良（非核・みらいをともに！）
百瀬敏昭（環境ジャーナリスト／東海大学講師）
森詠（作家）
もりばやしみほ（音楽家／環境医療風水師）
森村誠一（著述業）
矢口敦子（著述業）
山内敏弘（龍谷大学教授）
山口幸夫（原子力資料情報室共同代表）
山崎朋子（女性史ノンフィクション作家）
山田真（小児科医）
湯川れい子（音楽評論家／作詞家）
吉田ルイ子（フォトジャーナリスト）
吉原悠博（美術家）
吉村栄一（フリー編集者）
米田知子（写真家）
綿貫礼子（サイエンスライター）
Ｗａｔｕｓｉ（音楽プロデューサー）
現在一二四名

〈著者略歴〉

西尾　漠（にしお　ばく）

NPO法人・原子力資料情報室共同代表。『はんげんぱつ新聞』編集長。1947年東京生まれ。東京外国語大学ドイツ語学科中退。電力危機を訴える電気事業連合会の広告に疑問をもったことなどから、原発の問題にかかわるようになって34年。主な著書に『原発を考える50話』（岩波ジュニア新書）、『脱！プルトニウム社会』『地球を救うエネルギー・メニュー』（七つ森書館）、『プロブレムQ＆Aなぜ脱原発なのか？［放射能のごみから非浪費型社会まで］』、『プロブレムQ＆Aどうする？放射能ごみ［実は暮らしに直結する恐怖］』（緑風出版）など。

プロブレムQ＆A

むだで危険《きけん》な再処理《さいしょり》

［いまならまだ止められる］

2007年2月13日　初版第1刷発行　　定価1500円＋税

編著者　西尾　漠 ©

発行者　高須次郎

発行所　緑風出版

〒113-0033　東京都文京区本郷2-17-5　ツイン壱岐坂

〔電話〕03-3812-9420　〔FAX〕03-3812-7262　〔郵便振替〕00100-9-30776

［E-mail］info@ryokufu.com

［URL］http://www.ryokufu.com/

装　幀　堀内朝彦

組　版　R 企 画　　印　刷　モリモト印刷・巣鴨美術印刷

製　本　トキワ製本所　　用　紙　大宝紙業　　E2000

Baku NISHIO© Printed in Japan　　ISBN978-4-8461-0702-4　C0336